"十四五"职业教育国家规划教材
高等职业教育酿酒技术专业系列教材

白酒酿造技术

（第二版）

主编 梁宗余

中国轻工业出版社

图书在版编目（CIP）数据

白酒酿造技术/梁宗余主编. —2 版. —北京：中国轻工业出版社，2023.10

高等职业教育酿酒技术专业系列教材

ISBN 978-7-5184-3245-5

Ⅰ. ①白… Ⅱ. ①梁… Ⅲ. ①白酒—酿酒—高等职业教育—教材 Ⅳ. ①TS262.3

中国版本图书馆 CIP 数据核字（2020）第 206457 号

责任编辑：江　娟　贺　娜

策划编辑：江　娟　　　责任终审：劳国强　　封面设计：锋尚设计
版式设计：砚祥志远　　责任校对：吴大朋　　责任监印：张　可

出版发行：中国轻工业出版社（北京东长安街 6 号，邮编：100740）

印　　刷：北京君升印刷有限公司

经　　销：各地新华书店

版　　次：2023 年 10 月第 2 版第 2 次印刷

开　　本：720×1000　1/16　印张：16.5

字　　数：320 千字

书　　号：ISBN 978-7-5184-3245-5　定价：49.00 元

邮购电话：010-65241695

发行电话：010-85119835　传真：85113293

网　　址：http://www.chlip.com.cn

Email：club@ chlip.com.cn

如发现图书残缺请与我社邮购联系调换

231295J2C202ZBQ

高等职业教育酿酒技术专业（白酒类）系列教材

编委会

本书编委会

主　编

梁宗余（宜宾职业技术学院）

副主编

赵　东（宜宾五粮液集团有限公司）

李国红（四川省食品发酵工业研究设计院）

刘琨毅（宜宾职业技术学院）

梁丽静（泸州职业技术学院）

吴冬梅（泸州职业技术学院）

参编人员

吴　霞（四川工商职业技术学院）

袁松林（宜宾金喜来酒业有限公司）

彭昱雯（四川大学锦江学院）

孙传泽（四川省川酒集团产业发展有限公司）

曾　勇（四川酒业茶业集团有限公司）

辜义洪（宜宾职业技术学院）

王　琪（宜宾职业技术学院）

主　审

李大和（四川省食品发酵工业研究设计院）

第二版前言

白酒是我国全知识产权产品，更是中华文化和精神的重要载体。为更好地传承中国白酒精湛的传统工艺，教学团队依托教育部职业教育中华酿酒传承与创新专业教学资源库、"匠心善酿"国家级职业示范虚拟仿真实训基地和国家级"浓香型白酒生产性实训基地"建设项目，依据课程教学标准，坚持立德树人、德技并重、校企合作、岗课赛证融通，以职业岗位活动为中心、以典型工作任务为载体重构教学内容。跟踪最新的技术研究成果和行业标准，将企业工作表、工作记录引入教材，配套微课、视频、动画、练习测验、虚拟仿真软件、课外拓展等数字化资源，满足信息化和个性化的教学，适应翻转课堂、线上线下混合式教学需要。

课程组调研企业岗位，结合白酒酿造工国家职业标准和技能比赛，以真实生产项目、典型工作任务、案例等为载体组织教学单元，选择最具代表性的浓香型白酒、酱香型白酒、清香型大曲白酒和清香型小曲白酒四种白酒香型及制曲和基酒酿造两个典型工作任务，按照工作过程编写教材。本教材力求让读者熟悉原辅材料的性能、质量要求和白酒酿造微生物基础，掌握白酒制曲、酿造和白酒生产工艺的基础知识，具备小曲和大曲制作、开窖起糟、母糟黄水鉴定与配料、上甑与蒸馏接酒、摊晾下曲和入窖、发酵管理等白酒酿造技术技能。

本教材按照德技并修理念，融入中国酿酒历史、中华优秀酒文化、酿酒工匠精神，促进爱党报国、敬业奉献、服务人民意识的形成；按照绿色低碳发展理念，增加"双碳"时代白酒产业碳排放数据收集和发展方向探讨等内容；按照"十四五"生物科技发展战略，补充先进的酿造技术、新工艺、新设备、新标准和软件技术应用，以适应酿酒产业数字化改造升级和产教、科教融合需求。

本教材网络学习平台：一是教育部职业教育中华酿酒传承与创新专业教学资源子库微知库；二是职业教育省级精品在线开放课网络教学平台中国慕课；三是"匠心善酿"国家级职业示范虚拟仿真实训基地建设项目的虚拟仿真资源。

本教材主要有以下特点。

（1）植根传统文化，系统化设计了课程思政架构　教材的"传承与创新"课外拓展材料，通过介绍我国白酒发展的历史、国家非物质文化遗产、白酒精湛技艺，让学生认识中华智慧和中国原创，感悟中国酒文化内涵和生命力，加深对中国传统文化的认同和领悟，增强爱国意识和民族自豪感。

（2）产教科教融汇，体系化呈现了酿酒新技术　一是坚持创新驱动，推进生物科技创新和产业化应用，与多家酿酒企业合作，将生产上最新的优质窖泥酿酒微生物研究成果融入教材，让学生了解生物经济发展瓶颈，树立创新意识；二是根据生产管理数据库共同开发数字化生产管理软件，以每口窖池为研究对象，实现生产数据实时登记，碳排放实时收集和计量，工艺参数实时分析和调整。

（3）岗课赛证融通，一体化融入教材及教材资源　与企业一线深度对接，内容尽量对应白酒酿造岗位和酿酒技能比赛要求。本教材数字资源中的微课场景、案例均来自企业真实岗位，教材更加适用于企业职工培训和技能等级认定。

（4）数字化赋能，教材信息化程度高　一是大量的视频、微课、动画以二维码形式编入教材，可以实现在线预习和课堂实时在线检测。优质的学习资源，可以随时随地使用移动终端微信扫描二维码学习。二是结合岗位培训、自助学习、课堂教学的需求，本教材增加虚拟仿真资源于附录，学习更灵活、高效。

本教材由宜宾职业技术学院梁宗余副教授担任主编，参加编写的人员有宜宾五粮液集团有限公司高级工程师赵东、四川省食品发酵工业研究设计院高级工程师李国红、宜宾金喜来酒业有限公司袁松林、宜宾职业技术学院辜义洪副教授、刘琨毅副教授和王琪讲师、四川大学锦江学院彭昱雯讲师、四川工商职业技术学院吴霞讲师、泸州职业技术学院梁丽静副教授和吴冬梅讲师、四川酒业茶业集团有限公司曾勇。其中绪论由梁宗余编写；模块一由梁宗余、袁松林、赵东编写；模块二由梁宗余、李国红、曾勇编写；模块三由吴霞、彭昱雯编写；模块四由梁丽静、吴冬梅、刘琨毅编写。本教材由梁宗余和孙传泽

（宜宾市叙府酒业有限公司高级酿酒技师）完成统稿和初审，由我国著名酿酒专家、全国评酒专家组成员、四川省食品发酵工业研究设计院教授级高级工程师李大和先生审定。限于编者水平，书中尚有许多不足之处，恳请专家、学者、企业技术人员及读者批评指正。

编　者

第一版前言

中国白酒是世界六大蒸馏酒之一，发展历史悠久。为更好地继承中国白酒精湛的传统工艺，满足白酒行业规模化、集约化方向发展的需要，近年来，白酒企业和大专院校越来越重视对白酒行业技术技能人才的培养。

本教材通过校企合作，分析白酒产业链关键环节，剖析岗位工作任务，以《白酒酿造工》国家职业标准为依据，按照项目化教学要求进行编写。教材更加重视自主性、操作性和探讨性，体现"学做一体""理实一体"的原则，更好地满足职业教育的要求，实现"职业课程与职业标准对接"。

为突出白酒酿造技术的核心技能，本教材在学习项目选择上有所侧重，选择制曲和酿酒两个生产环节，以浓香型白酒酿造为主，酱香型、清香型、兼香型酿造为辅进行项目编排。微生物基础、发酵、蒸馏基本理论等知识性的内容以及白酒原料质量管理、白酒分析检测、白酒品评勾兑技术等技能学习，相关书籍有详细阐述，本教材一概从略。

本教材由宜宾职业技术学院梁宗余副教授担任主编，参加编写的人员有五粮液集团公司高级工程师赵东、四川省食品发酵工业研究设计院高级工程师李国红、宜宾吉鑫酒业有限公司总工樊云和车间主任袁松林、宜宾职业技术学院辜义洪副教授及刘琨毅和王琪讲师、四川大学锦江学院彭昱雯讲师、四川工商职业技术学院吴霞讲师、泸州职业技术学院梁静丽和吴冬梅讲师。其中绪论由梁宗余、辜义洪编写；项目一由梁静丽编写；项目二由梁宗余和彭昱雯编写；项目三由樊云、袁松林、梁宗余编写；项目四由李国红编写；项目五由吴霞编写；项目六由吴冬梅、刘琨毅、王琪编写；项目七由赵东、梁宗余编写。全书图片由宜宾职业技术学院唐思均和李彪负责收集和整理。

本教材由梁宗余和孙传泽（宜宾市叙府酒业股份有限公司高级酿酒技师）

完成统稿和初审，由我国著名酿酒专家、全国评酒专家组成员、四川省食品发酵工业研究设计院教授级高级工程师李大和先生审定。

本书尝试用项目化形式编写。限于编者水平，书中尚有许多不足之处，恳请专家、学者及读者批评指正。

编　者

2014 年 11 月

目　录

绪　　论

一、白酒酿造技术概述

白酒属于蒸馏酒，是利用酿酒微生物（酵母、霉菌、细菌等）在一定条件下将原料转化为酒精和发酵风味物质，再经蒸馏、陈酿、勾调而成。现就白酒的制曲、酿酒生产过程涉及的主要技术介绍如下。

（一）制曲及微生物技术

"曲为酒之骨"，可见酒曲对白酒生产影响之大。白酒生产过程中使用的糖化发酵剂包括大曲（传统大曲、强化大曲、纯种大曲）、小曲（传统小曲和纯种小曲）、麸曲（盒子曲、帘子曲、通风曲、液体曲）、商品酶制剂和活性干酵母等。

传统大曲采用生料制曲、自然接种，在培养室内固态发酵而成。在制曲过程中，让自然界中的各种微生物富集到淀粉质原料制成的曲坯上，经过人工培养，形成各种有益的酿酒微生物菌系和酶系，再经风干、贮存，即成为成品大曲。随着生物工程、生物技术、检测技术的发展，极大地推动了传统产业的发展，现代科学技术已渗入白酒产业的各个环节，提高了我国白酒生产的科学技术水平。

经过长期的研究和应用，基本弄清了酒曲中微生物的种类、数量结构及其与酒曲理化性质的关系，在酒曲中选育优良菌株上也取得了许多成果。比如唐玉明等从优质曲药中进行诱变选育出 4 株各具特色的优良功能菌株，即糖化功能菌种 LZ-24 和 A2-3，发酵功能菌种 S2.10，生香功能菌种 R-3。用不同的方式对其进行应用，并取得了良好的效果。2000 年，有研究表明通过增殖培养，分离纯化，获得原始菌株 219 株，其中霉菌 69 株（包括酯化菌 4 株），酵母菌 25 株，细菌 125 株，并从中筛选出综合性状较优良的 A2-3 菌株。

大曲中所含酶系的种类和数量直接影响着白酒产品的风味质量。对大曲酶系中酶的种类和数量进行优化组合，用于突出和提高特定产品的风味及质量是今后我国传统工艺白酒生产研究的重点。

（二）酒精发酵技术

由于使用的糖化发酵剂不同，传统大曲白酒、小曲白酒、麸曲白酒的发酵容器、发酵时间各有特点，但本质上都是系列的生化反应过程。原料经过蒸煮，其中淀粉得到糊化后，在淀粉水解酶、糖化酶的作用下，将淀粉转化成糖及其中间产物，再经过酒化酶转化为酒精，这就是白酒的酒精生成过程。

在白酒生产中，除了液态发酵法白酒是先糖化、后发酵外，固态或半固态发酵的白酒，均是糖化和发酵同时进行的。发酵过程除产生酒精之外，被酵母菌等微生物合成的其他物质及糖质原料中的固有成分如芳香化合物、有机酸、单宁、维生素、矿物质、盐、酯类等往往决定了酒的品质和风格。

大部分名优酒采用固态发酵法生产白酒，其特点是采用间隙式、开放式生产，多菌种混合发酵，低温蒸煮、低温糖化发酵，采用配糟来调节酒糟淀粉浓度、酸度。

小曲白酒是以大米、高粱、玉米为原料，小曲为糖化发酵剂，采用固态或半固态发酵。麸曲白酒是以高粱、薯干、玉米及高粱糠等含淀粉的物质为原料，采用纯种麸曲作糖化剂，用酒精酵母进行发酵，二者发酵时间短、产酒量高。

（三）蒸馏和量质摘酒技术

在标准大气压下，水的沸点是100℃，酒精的沸点是78.3℃，将酒液加热至两种温度之间时，就会产生大量的含酒精的蒸汽。蒸馏取酒即是通过加热，使酒精从发酵糟或发酵醪中蒸发，收集冷凝蒸汽，从而形成高酒精含量的产品。蒸馏技术是影响白酒产量和质量的关键之一，生产上有"产香靠发酵、提香靠蒸馏"的说法。

蒸馏过程中随着酒精含量的不同，产生的酒花分为"大清花、小清花、云花、水花、油花"，要求摘酒时能根据酒花准确判断酒精度，对特殊风味的酒（如麻味酒、苦味酒、涩味酒等）要单独存放。蒸馏要做到按质摘酒、分级贮存。

中国传统白酒大多采用甑桶固态蒸馏法，蒸馏过程包括酒精蒸发冷凝、微量成分集聚、蒸馏热变作用。甑桶相当于一个填料蒸馏塔，物质（水与酒）和热量的传递均在酒醅中进行，酒醅既是含有酒精成分的物料，又是蒸馏塔的填充料。甑桶蒸馏的方式属于简单的间歇蒸馏，其特点是：①蒸馏界面大，没有稳定的回流比；②传热速度快，传质效率高，达到多组分浓缩和分离的目的；③进料和蒸馏操作同步进行，酒精和香味成分提取同步；④蒸馏时醅料层的酒精浓度和各种微量组分的组成比例多变；⑤甑盖（云盘）与甑桶空间的相对压力降和水蒸气拖带蒸馏。

白酒醅料混合液中的香味物质，包括醇水互溶、醇溶水不溶、醇不溶水溶三类物质，这些物质的蒸馏原理各有差别。根据不同组分的特性，其蒸馏原理包括接近理想溶液的蒸馏、恒沸蒸馏和水蒸气蒸馏等蒸馏方式，其中许多高沸点的组分，如高级脂肪酸等，在酒精蒸馏时绝大部分从塔釜排出，而在白酒蒸馏时常可依赖水蒸气蒸馏的雾沫夹带作用而被蒸出。由于甑桶排出的酒气，经导汽管（过汽筒）和冷却器冷却后产生相应的压力降，这种压力降又导致甑面和甑盖空间的相对压力降，形成了抽吸作用，加之酒醅的蒸馏界面大，恒沸蒸馏时少量的乙醇可作为"第三组分"，降低混合液的恒沸点和提高了蒸汽压，从而增强了水蒸气蒸馏的雾沫夹带作用，使一些难挥发的组分被蒸馏到白酒中，这是酒精蒸馏方式不可能办到的。

目前对甑桶蒸馏的原理研究还不够深入，许多问题还有待进一步探讨。

（四）传统白酒酿造工艺

传统酿酒工艺是一个极为特殊而复杂的过程，以浓香型五粮液为例，其"分层起糟""固态续糟""跑窖循环""分层蒸馏""量质摘酒""按质并坛"是最为突出的传统酿酒工艺。

（1）分层起糟　各层次糟醅的发酵质量是不同的，酒质也不尽相同，因此进行分层起糟。

（2）固态续糟　五粮液的糟醅是年复一年、反复使用的"万年糟"。经长年发酵，积累了丰富的糟醅营养成分。

（3）跑窖循环　一口窖的糟醅在下轮发酵时装入另一口窖池，并根据糟醅的情况进行层次的调整。

（4）分层蒸馏　生产中为了避免各层次糟醅混杂而导致全窖酒质下降，因此各层次的糟醅进行分层蒸馏。

（5）量质摘酒　同一层次的糟醅进行分段摘酒，掐头去尾、边尝边摘，摘出具有五粮老窖复合香气的基础酒。

（6）按质并坛　采取分层蒸馏和量质摘酒后，基础酒的酒质就有了显著的差别。因此基础酒要严格按质并坛。

（五）白酒酿造技术发展

1. 依靠科技进步，总结、改进优质白酒生产工艺
（1）浓香型白酒
① 肯定了浓香型白酒酿造必须使用泥窖。
② 创造"人工老窖"。

③ 采用"双轮底"发酵新工艺，提高酒中酯的含量。

④ 利用酯化菌提高己酸乙酯含量等多项增香工艺，提高浓香型白酒的优级品率。

⑤ 浓香型白酒的微量成分剖析，有效地指导了白酒的勾兑工作。

⑥ 液态二氧化碳提取香味成分应用于白酒调味液。

（2）酱香型白酒

① 总结出气候条件对酿造大曲酱香型白酒的影响。

②"四高一长"是大曲酱香型白酒的工艺特点。

③ 麸曲酱香型白酒的研制取得成效。

（3）清香型白酒

① 总结出地缸发酵的优点。

② 分析出清茬、后火、红心三种大曲生物活性及成分上的差异，确定三种曲合理的贮存期和科学的搭配使用比例。

③ 剖析了清香型大曲酒成分及其量比关系。

④ 充分利用酒头及酒尾中的有益物质，成功研制清香型低度白酒。

（4）米香型白酒　总结了米香型白酒中香味成分的特征。

2. 酶工程的应用

制曲发酵技术在中国已有 2000 多年的历史，大曲的培养实质上是由母曲自然接种，通过控制温度、湿度、空气、微生物种类等因素来控制微生物在麦曲上的生长，制造粗酶的一个过程。纯种微生物强化制曲也有十几年的经验，给白酒工业带来了新的技术进步。随着技术的进步、酶工程的不断创新，高效酶制剂已经普遍进入酿造发酵领域。

酶是生物细胞合成的具有高度催化活性物质的特殊蛋白质，是一种生物催化剂。酿酒工业中广泛应用的酶主要是糖化酶、液化淀粉酶、纤维素酶、蛋白酶、脂肪酶、酯化酶等，具有酶活力强、用量少、使用方便等优点。原料中脂肪类物质在原料蒸煮过程中，即使在 140~160℃ 高温下也难以分解，通过脂肪酶等复合酶的处理后，脂肪、蛋白质的分解析出，原料会变得酥软；在蒸煮糊化过程中，可缩短蒸煮时间；在发酵前期加速糖化发酵，后期促进酯化合成。

但是，纯种微生物合成酶的高催化单一性，也给传统白酒发酵带来了一定问题。例如，浓香型的续糟发酵，酱香型的二次投料，全年蒸酒，如果用高转化率的糖化酶和活性干酵母就会一次耗尽淀粉影响工艺，影响白酒发酵的周期性。因此，复合酶发酵技术成为白酒发酵的一个新课题。

3. 生物技术的应用

生物制曲技术新工艺中的强化功能菌生香制曲，"己酸菌、甲烷菌"二元复合菌人工培养窖泥的老窖熟化技术，"红曲酯化酶"窖内、窖外发酵增香技术等技术的使用令白酒的优质品率得到很大的提高。

白酒微生物从功能菌的研究出发，进一步发展到微生物群落的研究：从酵母生香，认识细菌生香；从窖泥中分离丁酸菌、己酸菌；从曲药和糟醅中分离红曲酯化菌、丙酸菌等的强化应用。窖泥微生态系统是由厌氧异养菌、甲烷菌、己酸菌、乳酸菌、硫酸盐还原菌和硝酸盐还原菌多种微生物组成的共生系统。浓香型白酒的固态发酵过程就是一个典型的微生态群落的演替过程和各菌种间的共生、共酵、代谢调控过程，直接影响了白酒的产量和质量。发展对各种曲药和窖泥中微生物区系的构成及变化，研究中国白酒风味因子的形成机制，便于有效控制环境条件，以实现优质白酒的生产。

4. 酿造设备及控制的创新

（1）白酒生产机械化　我国大部分名优酒都是用固态法生产，传统的固态法白酒生产工艺，虽然成品酒有独特的风味，但生产过程繁重，劳动强度大，原料出酒率低，生产周期长，从生产到出厂往往要几年时间。目前小曲酒、麸曲酒液态法生产能实现机械化生产，米香型、豉香型建立起了一套固、液发酵相结合的糖化、发酵、蒸馏机械化操作系统，大大节省了人力资源。但传统名优酒的固态法目前还难以全部实现机械化生产。近年来，不少企业正大力研究固态白酒生产机械化，如晾糟机已得到广泛使用，减少了体力劳动，提高了生产效率，降低了生产成本。

（2）酿造过程数字化控制与管理

① 数字化酿造模式：从温（入窖温度）、粮（入窖淀粉浓度）、水（入窖水分）、曲（大曲用量）、酸（入窖酸度）、糠（谷壳用量）、糟（粮糟比）等七大因子的监控着手，找出不同季节、不同条件下最佳参数组合，确立产量与质量的平衡点，形成标准化的酿造模式。

② 数字化窖池管理模式：从每个窖池投入原辅料的台账录入着手，建立窖池数字化档案，利用电磁阀、可控硅继电器、计量泵、流程控制系统，建立计算机终端系统，确立生产过程的真实数据，给物料配制建立准确的管理体系，为中国白酒业创建科学的管理措施。

上述酿造过程数字化控制与管理中，还有很多问题处于摸索过程中，需要不断进行实践和研究，改进传统酿酒技术，完善白酒生产工艺。

5. 白酒产业推广使用低耗低碳生产技术

（1）推广酿酒节水改造技术　在润粮、麦曲制作、曲房控湿、罐装洗瓶等环节推广应用高效节水设备。同时推进节水治污技术改造，通过工业用水重复利用、工艺系统节水、工业给水、废水深度处理回用、废水梯级利用、非常规水资源利用等多种途径，降低单位产品用水量。

（2）提升清洁生产水平，实现全过程减排

① 源头减排：发展当地农业，就近采购原料，原料运输（高粱、小麦）采用清洁能源汽车，车辆遮盖运输减少扬尘。

② 过程碳减排：加强大曲发酵仓管理，科学控制发酵大曲数量，发酵时间，实时监测发酵仓内温度、水分。在确保舱内保温保湿的前提条件下，合理铺设稻草，避免稻草出现发霉、腐烂的情况，减少稻草使用量；曲块粉碎装置供电、行车供电、蒸酒采用清洁能源。降低生产过程中的碳排放；加强设备检修，确保行车等重要设备的良好运行状态，减少设备运行中的能耗、采用全自动化酿酒生产设备，配套治污设备，高效减少酿酒过程污染和能耗问题。

③ 管理碳减排：包装车间控制用电，减少不必要设备的运行。践行清洁生产，树立企业清洁生产理念，长期培养员工低碳生产文化，将生产过程中节能、降碳、减污的操作细节和注意事项落实到位。

④ 末端碳减排：加强废弃物资源处理，加强酒糟等有机物质的循环利用，采用先进资源化处理技术提高酒糟、废水的副产物价值。开发酿酒废弃物资源化技术符合国家发展要求，实现企业清洁生产和循环经济模式，同时高值化综合利用的产品有较高的经济价值，在减少有机质固体废物带来的环境问题的同时，有利企业经济发展。

二、白酒生产相关标准和法规

白酒生产标准包括基础标准、产品标准、卫生标准、试验方法标准和技术规范、原辅材料标准、地理标志产品标准六个部分。《白酒标准汇编》（第4版）共收集与白酒相关的国家标准51项、行业标准2项以及8项相关法规和规章制度。

（一）基础标准

GB 2757—2012《食品安全国家标准　蒸馏酒及其配制酒》
GB 8951—1988《白酒厂卫生规范》
GB 10344—2005《预包装饮料酒标签通则》
GB/T 10346—2006《白酒检验规则和标志、包装、运输、贮存》
GB/T 15109—2021《白酒工业术语》
GB/T 17204—2008《饮料酒分类》
GB 23350—2009《限制商品过度包装要求　食品和化妆品》
GB/T 23544—2009《白酒企业良好生产规范》
GB/T 24694—2009《玻璃容器白酒瓶》
SB/T 10391—2005《酒类商品批发经营管理规范》

SB/T 10392—2005《酒类商品零售经营管理规范》

（二）产品标准

GB 10343—2008《食用酒精》
GB/T 10781.1—2006《浓香型白酒》
GB/T 10781.2—2006《清香型白酒》
GB/T 10781.3—2006《米香型白酒》
GB/T 14867—2007《凤香型白酒》
GB/T 16289—2007《豉香型白酒》
GB/T 20821—2007《液态法白酒》
GB/T 20822—2007《固液法白酒》
GB/T 20823—2007《特香型白酒》
GB/T 20823—2007《特香型白酒》国家标准第1号修改单
GB/T 20824—2007《芝麻香型白酒》
GB/T 20825—2007《老白干香型白酒》
GB/T 23547—2009《浓酱兼香型白酒》
GB/T 26760—2011《酱香型白酒》
GB/T 26761—2011《小曲固态法白酒》

（三）试验方法标准

GB/T 5009.48—2003《蒸馏酒与配制酒卫生标准的分析方法》
GB/T 10345—2007《白酒分析方法》
GB/T 1034.5—2007《白酒分析方法》国家标准第1号修改单
GB/T 23545—2009《白酒中锰的测定　电感耦合等离子体原子发射光谱法》

（四）原辅材料标准

GB 1350—2009《稻谷》
GB 1351—2008《小麦》
GB 1353—2009《玉米》
GB 1354—2009《大米》
GB/T 8231—2007《高粱》
GB/T 10460—2008《豌豆》
GB/T 20886—2007《食品加工用酵母》

（五）地理标志产品标准

GB/T 18356—2007《地理标志产品 贵州茅台酒》

GB/T 18356—2007《地理标志产品 贵州茅台酒》第 1 号修改单

GB/T 18624—2007《地理标志产品 水井坊酒》

GB/T 19327—2007《地理标志产品 古井贡酒》

GB/T 19328—2007《地理标志产品 口子窖酒》

GB/T 19329—2007《地理标志产品 道光廿五贡酒（锦州道光廿五贡酒)》

GB/T 19331—2007《地理标志产品 互助青稞酒》

GB/T 19508—2007《地理标志产品 西凤酒》

GB/T 19961—2005《地理标志产品 剑南春酒》

GB/T 19961—2005《地理标志产品 剑南春酒》国家标准第 1 号修改单

GB/T 21261—2007《地理标志产品 玉泉酒》

GB/T 21263—2007《地理标志产品 牛栏山二锅头酒》

GB/T 21820—2008《地理标志产品 舍得白酒》

GB/T 21822—2008《地理标志产品 沱牌白酒》

GB/T 22041—2008《地理标志产品 国窖 1573 白酒》

GB/T 22045—2008《地理标志产品 泸州老窖特曲酒》

GB/T 22046—2008《地理标志产品 洋河大曲酒》

GB/T 22211—2008《地理标志产品 五粮液酒》

GB/T 22735—2008《地理标志产品 景芝神酿酒》

GB/T 22736—2008《地理标志产品 酒鬼酒》

（六）相关法规及规章制度

（1）卫生部办公厅关于预包装饮料酒生产日期标注问题的复函（卫办监督函〔2012〕470 号）。

（2）国家安全监管总局关于印发白酒啤酒乳制品生产企业安全生产标准化评定标准的通知（安监总管四〔2011〕114 号）。

（3）关于进一步加强酒类质量安全工作的通知（食安办〔2011〕23 号）。

（4）商务部关于实施酒类流通随附单制度的通知（商运发〔2006〕102 号）。

（5）食品质量认证实施规则——酒类（认监委〔2005〕第 27 号公告）。

（6）酒类流通管理办法（商务部 2005 年第 25 号令）。

（7）卫生部监督司关于白酒中甜蜜素检验方法的复函（卫监督食便函〔2004〕36 号）。

（8）酒类广告管理办法（国家工商行政管理局令〔1995〕第 39 号）。

（七）其他相关标准

白酒生产用水、清洁生产、相关生产材料、感官评定方法等相关标准
见表0-1。

表 0-1　白酒其他相关标准一览表

生活饮用水卫生标准	GB 5749—2006
硅藻土	QB/T 2088—1995
硅藻土卫生标准	GB 14936—1994
啤酒硅藻土支持过滤板	QB/T 2202—1996
木质净水用活性炭	GB/T 13803.2—1999
粮食卫生标准	GB 2715—2005
清洁生产标准白酒制造业	HJ/T 402—2007
包装玻璃容器　铅、镉、砷、锑溶出允许限量	GB 19778—2005
陶瓷包装容器　铅、镉溶出量允许极限	GB 14147—1993
包装容器　塑料防盗瓶盖	GB/T 17876—1999
包装容器　扭断式防盗瓶盖	GB/T 14803—1993
冠形瓶盖	GB/T 13521—1992
食品包装用聚氯乙烯瓶盖垫片及粒料卫生标准	GB 14944—1994
食品包装用聚氯乙烯成型品卫生标准	GB 9681—1988
食品包装用聚乙烯成型品卫生标准	GB 9687—1988
食品容器、包装材料用助剂使用卫生标准	GB 9685—2003
商品条码	GB 12904—2003
瓦楞纸箱	GB 6543—2008
包装储运图示标志	GB 191—2008
绿色食品　白酒	NY/T 432—2000
白酒感官评定方法	GB 10345.2—1989

模块一　浓香型白酒酿造项目

一、项目概述

浓香型白酒是以粮谷为原料，采用浓香大曲为糖化发酵剂，经泥窖固态发酵，固态蒸馏，陈酿、勾调而成的，不直接或间接添加食用酒精及非自身发酵产生的呈色呈香呈味物质的白酒。本项目通过学习浓香型白酒的酿造，训练原辅料的质量判定、糟醅和黄水的感官判定、摊晾下曲、入窖发酵等白酒酿造技术，达到高级白酒酿造工及酿酒师的理论和操作要求，初步具备酿造工艺分析能力和管理能力。

二、项目任务

项目任务书

项目编号		项目名称	
学员姓名		学号	
指导教师		起始时间	
项目组成员			
工作目标	完成浓香型白酒酿造的工作任务，产品质量符合浓香型白酒各等级标准		
学习目标	**知识目标** 1. 了解浓香型白酒酿造原辅料的质量标准与判断方法。 2. 掌握曲坯制作标准、曲坯制作的工艺流程和工艺质量关键控制要素。 3. 掌握气温、曲房内外温度的变化规律，以及对所生产大曲温度控制的对应关系。 4. 掌握浓香型白酒生产的核心技术要点和质量关键点。 5. 掌握环境温度、蒸粮、水分、酸度、淀粉与产量、质量之间的关系。 6. 掌握出窖酒糟的识别方法，通过出窖酒糟的感官鉴定、理化分析等情况，为配料做好准备，达到入窖、出窖酒糟"前缓、中挺、后缓落"的发酵要求。		

续表

学习目标	7. 掌握微生物学和白酒酿造过程中有益菌和有害菌的基本知识。 8. 了解分层摘酒、分段摘酒和并坛的基本知识,能看酒花进行摘酒。 9. 理解甑桶蒸馏的原理。 10. 理解白酒发酵原理,掌握封窖和管窖方法。 **能力目标** 1. 能完成对酿酒原料质量的判断和原料粉碎度的鉴别。 2. 能进行润粮、原料粉碎、曲坯制作、培菌操作,具备不同翻曲阶段曲坯香气、水分、质量的鉴别能力。 3. 能进行酒曲质量判断,具备对成品曲的香味、色泽等感官质量的鉴别能力。 4. 能运用料、水、温、堆、细(度)、境六大要素管理和控制大曲生产。 5. 能通过对出窖酒糟颜色、口感、水分、酸度、淀粉和黄水的初步感官判断,确定发酵情况。 6. 能分清不同层次和同一层次的酒,并具备鉴定白酒基酒品质的能力。 7. 能根据不同的气候条件,制订不同的工艺方案,为发酵创造适宜条件。 **素质目标** 1. 形成传承和发扬中国白酒特色文化和非遗技艺的意识,增强文化自信。 2. 树立吃苦耐劳、团结协作的精神。 3. 树立精益求精的工匠精神。 4. 树立绿色低耗低碳意识。

项目一 浓香型大曲制作

一、任务分析

本任务是制作多粮浓香型大曲“包包曲”。传统制曲工艺是将曲料装入长方体木盒,人工踩制,曲坯上面的中部隆起,称为“包包曲”。本任务选择符合质量标准的小麦为原料,按多粮浓香型制曲工艺要求,经粉碎、成型、培菌管理,在一定温度和湿度下使自然界的微生物进行富集和扩大培养,再经培菌关键工序管理生产而成。

(1)工艺流程

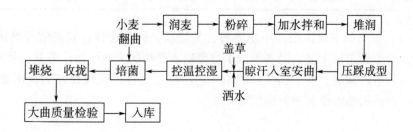

（2）影响本任务完成效果的关键因素　原料质量，原料的粉碎度，加（润）水量、曲坯品温、曲房内湿度控制，培菌管理手段等措施，环境（特别是曲房等微生物的来源及周边卫生）。

（3）根据制曲生产工艺要求，进行人员配制和生产任务安排。一般以10~15人为一个制曲班组，当天人均踩制小麦0.5~0.8t。

（4）按照制曲生产工艺要求，如实做好原始生产过程质量记录。

二、知识学习

（一）线上预习

请扫描二维码学习以下内容：

包包曲简介　　浓香型大曲工艺流程　　包包曲制作技术　　唐宋名家词　　"双碳"时代的白酒产业

（二）重点知识

1. 对制曲生产所使用原料的基本要求

白酒大曲采用的原料，南方以小麦为主，用以生产酱香及多粮浓香型大曲；北方多以小麦和豌豆为原料，多用于生产清香型大曲。

（1）原料的主要成分　见表1-1。

表1-1　　　　　　　　　　原料的主要成分　　　　　　　　　单位:%

名称	水分	粗淀粉	粗蛋白	粗脂肪	粗纤维	灰分
小麦	12.8	61.0~65.0	7.2~9.8	2.5~2.9	1.2~1.6	1.7~2.9
大麦	11.5~12.0	61.0~62.5	11.2~12.5	1.9~2.8	7.2~7.9	3.4~4.2
豌豆	10.0~12.0	45.2~51.5	25.5~27.5	3.9~4.0	1.3~1.6	3.0~3.1

（2）原料的主要作用　小麦淀粉含量较高，黏着力强，氨基酸种类达20多种，维生素含量丰富，是各类微生物繁殖、产酶的天然优良培养基，特别是其含比较多的面筋，便于提浆增加曲坯的结构紧密性，实现曲坯的保水能力，有利于提高制曲温度和中挺温度的持续。

2. 生产使用小麦的标准

参考小麦的国家标准，感官上必须满足标准的要求，即颗粒饱满、新鲜、无虫蛀、不霉变，干燥适宜，无异杂味，无泥沙及其他杂物。查阅或索取每批小麦的化验报告单，对水分、淀粉和蛋白质等指标进行了解。

3. 物料计算

根据制曲当天的生产任务，计算各种原料、辅料的用量。

（1）根据原料配比、每锅拌料总量，计算每锅的润料用水量、拌料用水量和原料量。

（2）根据生产要求，即每班生产量，计算需拌料的锅数，然后算出所需原料的总数。

（3）根据单批次曲料的拌和量，计算所需加水量，实现满足生产工艺技术参数的要求。

例如：润料用水 6%，曲坯含水量 40%（小麦含水 12.8%），每批次拌料100kg。则每锅需：

小麦：100kg

润小麦用水量：100×4% = 4（kg）

麦粉拌和用水量：100×（40-12.8-6）% = 21.2（kg）

如果批次小麦数量有变化，以此类推。

4. 曲房的灭菌

将曲房打扫干净包括对门窗进行清刷，检查曲房的门窗是否完好；采用熏蒸法，药剂的使用按以下标准进行：$1m^3$ 曲房，用硫黄 5g 和 30% ~ 35% 甲醛5mL，将硫黄点燃并用酒精灯加热蒸发皿中的甲醛，如果只用硫黄杀菌，每$1m^3$ 用量约 10g。

步骤：先将曲房内中心铺底的谷糠刨一个到底的圆坑，直径 50cm 左右；放置好熏蒸药剂，点燃，并检查其周围有无易燃物品；关闭所有门窗，使其慢慢全部挥发；密闭 12h 后，打开门窗，通过对流，置换入新鲜空气；清理所使用的熏蒸工具和残留物品。

5. 检查设备和能源

（1）设备使用前，将设备清理干净，设备上不能堆放任何杂物。

（2）检查设备的螺丝、螺帽是否松动。

（3）检查电源插头、插座有无松动、脱落；电源信号灯是否完好。

（4）设备启动后，从声音上判断转动是否正常。如有异常声音，应立即停机检查。

（5）定期对机械设备进行润滑保养。

6. 润麦

润麦的目的是使小麦表皮吸水，在粉碎时，由于内外水分不一致，表层更容易形成麦皮，而小麦内部基本没有吸水，更容易形成细粉，以达到小麦粉碎后麦粉呈"烂心不烂皮"的梅花瓣形状。

7. 粉碎

粉碎的目的是释出淀粉、吸收水分、增大黏性。麦皮为片状，以保证曲坯一定的通透性，心部为粉状，可增加微生物的利用面积。粉碎的关键是掌握好粉碎度。若粉碎过细，则曲粉吸水性强，透气性差，由于曲粉黏得紧，发酵时水分不易挥发，顶点品温难以达到，曲坯升酸多，霉菌和酵母菌在透气（氧）不足、水分大的环境中极不易代谢，因此让细菌占绝对优势，且在顶点品温达不到时水分挥发难，容易造成"窝水曲"。另一种情形是"粉细、水大、坯变形"，即曲坯变形后影响入房后的摆放和堆积，使曲坯倒伏，造成"水毛"（毛霉）大量孳生。此种曲质量不会高，一般都在一级曲以下。所以，粉碎不可太细。粉碎粗时，曲料吸水差，黏着力不强，曲坯易掉边缺角，表面粗糙，穿衣不好，发酵时水分挥发快，曲坯含水持续能力差，中挺温度不足，后火无力（水分偏少）。此种曲粗糙无衣，曲熟皮厚，香单、色黄，属二级曲以下，因而粗粉也不利。因此，控制粉碎度是保证曲质量的关键之一，必须严格按工艺制定的标准执行，根据已有的管理经验，结合气候、气温的变化情况予以调整。

8. 拌料对曲坯含水量和大曲质量的影响及作用

所有微生物的生长和繁殖都离不开水，水是其生长的必要条件，也是维系培菌管理品温控制的首要条件，拌料的作用是使粉料均匀吸水，因此要掌握好拌料的水温和用水量。拌料方式有手工拌料和机械搅拌两种，不论采用哪种方式，都是以曲坯含水量均匀达到制曲生产工艺标准为适宜。

冬、春季时，由于气候气温低，在拌料时可采取用热水拌和，热水温度控制在40℃以下较好。如水温过高则会加速淀粉糊化或在拌料时淀粉糊化，过早地生酸，糖被消耗掉，产酸菌大量繁殖，影响大曲质量，同时也为培菌管理带来问题。但如果水温太低（特别是冬天），由于温度低，微生物繁殖速度缓慢，会给大曲培菌管理温度的升速造成影响。低温使曲坯升温慢，无法进行正常的物质交换。所以掌握好用水的温度和用水量是拌料中的一个重要因素。

9. 成型

成型分为制曲机成型和人工踩成型两种。制曲机成型又分一次成型和多次（5次）成型。另按曲坯成型的型式有"平板曲"和"包包曲"之分。成型的曲坯要求是一致的，即"表面光滑，不掉边缺角，四周紧中心稍松"。包包曲的形状，各生产企业的标准要求大同小异。

10. 入房安曲的方式

曲坯入房后，安放的形式有斗形、人字形、一字形三种。斗形和人字形较为费事，但可以使曲坯的温度和水分均匀，可任意安放，每斗大约 0.6m²。三种形状的曲间、行间距离是相同的，不能相互倒靠（包包曲除外）。

不同季节对曲间距离有不同的要求，一般冬天为 1.5~2cm，夏天为 2~3cm。曲间距离可增大曲坯表面的外露空间，有保温、保湿、挥发水分、散失热量、充分接种微生物等调节功能。

曲坯入房前，应将曲房打扫干净，并铺上一层谷糠的底垫物，以免曲坯发酵时黏着于地。因曲房的地面是水泥地，安曲后，应在曲坯的上面盖上一层草帘、散谷草之类的覆盖物，起着保温、保湿、接种的作用。

为了增大曲房内的湿度，每 100 块曲应按 7~10kg 水的量洒水，并根据季节确定水的温度，原则上用什么水制曲就洒什么水。冬天气温太低时，可用 80℃ 以上热水洒在墙壁上或在室内铺设发热片或管道，借以提高曲房内的环境温度和增大湿度；夏天太热时，在草帘等覆盖物上喷洒清水，以降低曲房内的环境温度，从而抑制曲坯品温的上升速度；当湿度大时，应打开门窗排放潮气，置换新鲜空气喷洒水予以减弱曲坯品温的上升幅度。洒水时的原则和要求为：要均匀地喷洒于覆盖物上，如无覆盖物，可向墙壁适当洒水。曲坯入室完毕后，将门窗关闭，同时要做好记录。

11. 晾汗的作用

踩制完毕的曲坯，放置曲房内或晾堂一段时间，使曲坯充分吸水均匀，曲坯吸收水分均匀后，逐步变硬，便于曲坯安曲，且不易变形，在晾汗的同时，表面接触空气，接种微生物。根据生产经验，一定要掌握好这个度。晾汗时间过长，造成曲坯表皮过于坚硬，形成一层皮张，将影响穿衣效果，影响微生物向曲坯内生长的速度，同时影响后续的走水、品温控制等培菌关键工序的管理，最终造成菌丝生长不匀、曲心发黑、曲心走水未干、曲香不浓、不放、不正等问题，影响大曲的质量；晾汗时间过短，曲坯容易变形、断裂，不利于品温的控制，为培菌管理造成困难，后期易感染杂菌等而影响大曲的质量。

12. 提浆操作工序对多粮浓香型大曲的重要意义

由于小麦含有较高的蛋白质，特别是其含有比较多的面筋，小麦通过润麦、粉碎、拌和加水、踩制等工序过程，特别是提浆，使曲坯表面形成一层膜，其主要成分是面筋蛋白。蛋白质在蛋白酶的作用下生成各类氨基酸，这些物质在发生氧化反应的同时进行美拉德反应，后者的速度在 80℃ 以下随着温度的升高而加快，因而产生种类多、含量高的含氮、含氧、含硫等杂环类化合物，赋予白酒特殊的风味物质。由于形成一层膜，便于曲坯内水分的缓慢蒸发和制曲生产所要求的品温控制需要，也利于"前缓、中挺、后缓落"温度曲线的实现。提浆良好，也解决后火过小的难题，避免曲心走水未干或产生黄曲霉过多的现象。因此，提浆工序是评价踩制质量一个重要的感官质量指标。

13. 培菌期管理

培菌是决定大曲质量的关键环节，有效的管理就能够保证所生产出大曲的质量，不管哪种香型曲，都把这个阶段放在整个制曲管理的核心位置。大曲的制作技术也就精于此，将对现场生产技术信息的把控，转化为日常的感官经验判断。即使是同样的生产原料、同一种生产工艺，由于培菌管理经验的差异，也能直接影响了大曲的质量好坏。大曲的培菌管理就是给不同种类的微生物提供不同的生长繁殖环境条件，通过在不同温度、水分、营养物质等培养条件下，进行优胜劣汰，生与死的反复交替，最终的代谢物质和微生物就富集于所生产的大曲中。

（1）前缓期　低温培菌期的主要目的是让霉菌、酵母菌等微生物大量生长繁殖；时间为 3~5d；当曲坯品温达到 30~40℃时，部分细菌也开始生长繁殖，曲房内的空气湿度也在增加，相对湿度>80%时，应加强排潮工作；控制方法：通过关启门或窗、增减曲坯上面的搭盖物、翻曲等手段。

由于低温高湿特别适宜微生物生长，所以入房后 24h 微生物便开始繁殖。"穿衣"是各种有益微生物在曲坯表面的着落，一般是曲坯进入曲房后的 24~48h，是大曲"穿衣"的良好时机。影响"穿衣"的因素有水分、氧气含量、曲皮的厚度等，其中曲皮的厚度是重要的影响因素，如果过厚，直接影响微生物向曲坯内渗透的速度，因此皮张越薄，"穿衣"会更好。

翻曲的方法：揭开草帘，采取"四周翻中间，中间翻四周，上翻下，下翻上"的原则。翻曲完毕后，立即搭盖上草帘之类的搭盖物，关闭门窗。

（2）中挺期　其目的是让已大量生成的菌代谢，转化成香味物质；品温 50~65℃，相对湿度大于90%，时间 5~7d；操作方法为开门窗进行排潮。

经过低温培菌，以霉菌为主的微生物生长繁殖已达到了顶峰，特别是耐高温的霉菌、细菌（地衣、枯草芽孢杆菌）逐渐成为优势有益菌群，这些耐高温微生物在高温期间能够分解小麦中的蛋白质为氨基酸，在生化作用下能形成特殊的香味物质。由低温（40℃）进入高温，曲坯的温度每天以 5~10℃的幅度上升，一般在曲坯堆积后（5 层）3~5d，即可达到顶点温度。

在高温的曲房内，有较高的湿度和 CO_2 浓度，大多数微生物停止生长，进入休眠期，并以孢子的形式存在于曲坯内部。因此，必须通过通风排潮的手段，为微生物的后续生长创造条件。通过实验表明，曲房中 CO_2 含量超过 1%时，除对菌的增殖有碍外，酶的活力也下降。所以，排潮通风是大曲生产必不可少的操作环节。排潮时间应在每天早、中、晚的不同时间段进行，根据不同季节和环境温度调节（室温高、潮气大的时候），每次排潮时间以不超过 40min 为宜。当曲块含水量在 20%以内时，就开始进入后火生香期。

（3）后缓落期　主要是促使曲心少量的水分挥发干和赋予其香味物质形

成；后火阶段的曲坯温度不低于 45℃ 为适宜，相对湿度<80%；时间 9~12d；要特别加强保温、保潮，一般进入后火期，基本并不排潮，关闭门窗，加厚草帘或麻袋（塑料纸袋）。

后火生香也是根据不同香型大曲来管理的。但不管怎样，后火都不能过小，否则曲坯将产生以下质量问题：如生心、黄曲霉过多，香气很弱等。

（4）堆烧（打拢）　即将几间曲房内的曲坯翻转运至一间曲房集中，连翻带转，按"三横三竖"进行排列堆积而不留距离，并保持常温，只需注意曲堆不要受外界气温干扰即可，四周加盖厚草帘，一般用 3~5 张，靠门和窗的一面还加厚 1~2 张草帘。其方法同翻曲的方法一致，将不同曲房内的曲坯并入一个曲房，一般控制在 5~8 间，夏秋季可略少一点，冬春季可多一点，曲坯的堆码层数为 8~10 层。

14. 培养过程中的物理变化和生化变化的认识。

（1）物理变化

①温度的上升：制曲中消耗最多的是淀粉，每 50kg 淀粉在制曲培养过程中被消耗掉 8%~12%，消耗蛋白质较少。

在实际生产中，以曲坯入室 5000g（含水量 1568g），出房曲量 3160.5g 计算，其消耗淀粉 217.5g，蒸发水分 1749g（曲坯原有水分 1568g，加上淀粉氧化后生成水分 181g）。消耗 1g 淀粉需 0.85L 氧，并产生热量 19.07kJ。

经测算，如果曲坯入房温度为 20℃，理论上升温可达 138.6℃。由于热量损失实际上达不到这个品温，但足以使曲坯发酵时品温上升到近 60℃，并历经多天不降。

②曲坯中的水分：曲坯的水分依其与曲料的结合方式可分为吸附水分、毛细管水分、溶胀水分。

吸附水分：是曲坯表面上附着的水分。在任何温度下，表面水分的蒸汽压等于纯水在此温度下的饱和蒸汽压。

毛细管水分：是曲料空隙中所含的水分。这种水分的蒸发是借毛细管的吸引力转移到曲块表面的。曲料空隙大时，所含的水分如同吸附水分一样，它的蒸汽压也等于在此温度下的饱和蒸汽压；曲料空隙小时，所含水分的蒸汽压将小于同温下的蒸汽压，而且这种蒸汽压将随着水分的进一步挥发而下降，因为逐渐减少的水分是保留在更小的毛细管中的。

溶胀水分：作为曲料的组成部分，它透入曲料的细胞壁中。因此，曲料的体积会增大。

③水分的蒸发：曲块水分的蒸发可以明显地划分为恒速和降速两个阶段。

恒速阶段：当水分由曲内部迁移到外表的速度大于或等于水分表面的汽化速度时，称为恒速阶段。增大空气流速，提高品温，降低湿度都能促进这一阶段的水分蒸发速度。显然，曲坯入房湿度和加盖草的多少，都起着十分重要的作用。又因为蒸发速度是以单位面积计算的，所以曲坯的大小也是一个重要因素。

降速阶段：当水分由曲块内部向表面移动的速度小于表面水分的汽化速度时，进入了降速阶段。首先是曲块表面出现干燥（硬）区域，表面湿度逐步下降。随后曲块表面的水分完全汽化，水分的汽化由曲块表面向内部移动。随着内部水分含量的梯度下降，内部水分的迁移速度或水分蒸发速度不断下降，水分的汽化表面继续内移，直至曲块含水量降至与外界空气的相对湿度相平衡时，曲块水分才停止蒸发。在降速阶段，除了较高的湿度有利于内部水分的迁移外，水分的蒸发速度主要取决于曲块的结构、形状、大小、厚薄、松紧、粉碎度等因素。

（2）生化变化　曲块培养中，微生物在原料中生长繁殖，它们分泌各种各样的酶，除了对酿酒至关重要的淀粉酶将淀粉变成糖和酒化酶将糖变成酒外，还引起了基质的变化，合成了各种香味成分及其前体物质，从而构成了曲的特殊香味。

①蛋白质的分解：蛋白质是高分子质量的物质，除了碳、氢、氧外，还有氮。当蛋白质水解时，便产生氨基酸类物质。

曲料中的蛋白质，经蛋白酶作用逐步转化为氨基酸。这些氨基酸在微生物作用下进一步分解为高级醇，高级醇与脂肪酸结合生成酯类。氨基酸和糖发生美拉德反应而生成各种含氮有机化合物。这些成分就构成了酒的香味。

氨基酸分解成高级醇时，同时放出氨基为微生物利用。一般来讲，曲坯含水量大有利于蛋白质的分解，但要严格控制，不然，水大可以造成杂菌繁殖，使蛋白质腐败，并破坏羧基，使之转变为碱类物质如胺类，致使曲质不好。

②糖的进一步分解：糖在微生物作用下，能进一步分解成酒精、乳酸、醋酸等。这些酸与醇酯化，给麦曲带来香味。

③酚类化合物的变化：以小麦为原料，在微生物作用下，生成了挥发性酚类物质。经研究表明，在使用以小麦为主的大曲培养中，当菌丝发育到最旺盛时，酚类含量状况为最好，此时的阿魏酚占绝大部分；当品温继续上升时，香草醛、香草酸大量生成，所以高温制曲有利于香味物质的形成。

15．大曲的储存条件

储曲房要保持通风、干燥、防潮、防渗漏；严格控制成曲水分在12%以下，防止返潮，加强通风排潮，特别是冬、春多雨季节，其空气湿度相对较大。

16．大曲储存过程中的变化

大曲储存1个月内，微生物及酶仍有变化。霉菌稍有增加，细菌增加较多，酵母菌数维持平衡或略有下降，说明在此期间微生物仍有活动，酶活力也在消长。一般大曲贮存 3 个月后，细菌数下降；储存半年以后，绝大部分生化指标都明显下降，酵母菌更为突出；贮存 1 年的大曲应用于酿酒发酵，出酒率下降明显。根据各厂生产使用的实际情况以及实际生产反映出的结果，以大曲储存期在 3~6 个月为宜，储存期最长也不应超过 9 个月。储存期长的陈曲，发酵力及酵母菌的数量严重下降，使用时应采取相应的补救措施，将不同季节生产的大曲进行搭配使用，以保证大曲整体的生物活性。

不同储存期的大曲理化检测结果见表 1-2。

表 1-2　　　　　　　　　　不同储存期大曲检测结果

储存时间	水分/%	酸度/%	发酵力/[g 酒精/(g·72h)]	糖化力/[mg 葡萄糖/(g·h)]
出房	12.8	0.62	4.58	737
1 月	11.7	0.85	4.38	715
2 月	11.2	0.74	4.12	630
3 月	10.7	0.88	4.05	580
6 月	10.1	1.25	2.24	535

17. 曲虫在大曲储存中的危害

危害大曲的昆虫俗称曲虫。大曲虫害历来就有发生。20 世纪 80 年代以前，大部分白酒厂生产规模较小，用曲量也少，因此大曲虫害长期以来并未引起生产厂家的注意。随着生产规模的扩大，制曲量大幅度上升，同时曲的贮存缺乏科学管理，形成了有利于曲虫大量繁殖的环境件，致使各厂的曲虫发生和危害日益严重。据有关单位查定，某酒厂 1988 年 5~10 月入库时，平均每块曲重 3.26kg，由于贮曲条件较差，大量曲块被虫蛀严重，同时产生曲虫尸体及排泄物，影响大曲的质量；至次年 7 月盘查时，平均每块曲重仅有 2.44kg，损耗率高达 25.2%。对某酒厂的两个小曲库进行了测定，据推算，每间贮存量为 125t 的小曲库，曲块经贮存 3 个月后，损失 6.9t，贮存 6 个月后，损失 11.4t。

虫害严重污染了生产及生活环境，尤其在每年 7~9 月种群发生高峰期，成虫在厂区内外到处飞舞，对曲库附近的生产或生活区造成严重影响。有的进入包装酒瓶内造成质量事故；有的干扰办公及休息。因此，防治曲虫已成为酒厂的迫切要求。

（1）大曲害虫种类　直接危害大曲块的害虫约 10 余种。其中发生量大的主要是土耳其扁谷盗、咖啡豆象、药材甲和黄斑露甲4种。黄斑露甲仅发生在潮湿曲房环境中，只造成局部危害。前3种是危害大曲的主要昆虫。

（2）曲虫综合治理 在储曲房内，如出现大量曲虫飞舞时，采用药膜触杀方法或灯光诱杀法，效果十分显著。在选择杀虫方法时，应充分考虑以下因素：不能直接降低大曲的品质，不残留或少残留在大曲中。由于大曲本身含有多种微生物及酶系，是酿酒生产的糖化发酵剂，故忌用化学杀虫剂直接在贮曲库内触杀，也不宜采用毒剂熏蒸措施，以免杀灭微生物群落、影响酒的产量和质量。如南京农业大学研究利用3种曲虫的习性，将"灭曲虫灵"药液喷施在储曲房及曲房的窗台、窗纱、门帘、门框的四周。当曲虫在进出曲库时触药而死，每隔1~2天喷药一次，取得了很好的杀虫效果，比较安全。

18. 曲的病害及处理方法

曲中微生物来自原料、空气、器具、覆盖物及制曲用水等，由于是开放式生产，微生物的种群繁多，数量不等。虽然在工艺上通过严格控制温度、湿度、水分，为有益微生物的繁殖创造了生长条件，但是仍不能杜绝有害菌的孳生。所以，在制曲过程中，若管理不当，易发生如下病害。

（1）不生霉 曲坯入房后2~3d，仍未见表面生出白斑菌丛，称为不生衣。这是由于温度过低，曲的表面水分蒸发过盛所造成的。这时应加盖草帘或麻袋，再喷洒40℃的热水，至曲块表面润湿为止，然后关好门窗，使其发热上霉。特别是在气温较低的冬季和春初容易发生。

（2）受风 曲坯表面干燥，不长菌，内生红心。这是因为对着门窗的曲受风吹，失去了表面的水分，中心的曲为红曲霉所造成的。因此，应经常变换曲块的位置来加以调节。同时门窗的正对处应用草帘或席子加以遮挡，以防风吹。此害在春、秋季节最易发生，因此在这时要加以注意。

（3）受火 曲块入曲房后的干火阶段，是菌类繁殖最旺盛时期，曲坯温度提升较快，若温度调节不当或管理疏忽，使品温过高，则曲的内部炭化，呈褐色，酶活力降低。此时应特别注意温度，将曲块的距离加宽，逐步降低曲的品温，使曲逐渐成熟。

（4）生心 曲中的微生物在发育的后半期，由于温度的降低，以致不能继续生长繁殖，造成生心。俗话说"前火不可过大，后火不可过小"，其原因就在这里。因为前期微生物生长繁殖最旺盛，温度极易增高，有利于有害细菌的繁殖；后期微生物繁殖能力减弱，水分减少，温度极易降低，有益微生物不能充分生长，曲中的养分也未被充分利用故而出现局部为生曲的现象。因而在制曲的过程中，应经常检查，若生心发现得早，可把曲块的距离拉近，把生心较重的曲块放上层，周围加盖草垫，并提高室温促进微生物的增长，或许可以挽救。

（5）皮张厚　这是晾霉时间过长，曲体表面干燥，里面反起火来才关门窗所造成的。究其原因，是因为曲体太热，而又未随时放热，因此，曲块内部温度过高而呈灰暗色，并出现长黄、褐圈等病症。防止的办法是，晾霉的时间不能过长，以曲体大部分发硬不粘手为原则，并保持曲块一定的水分和温度，以利于微生物繁殖，逐渐由外往里生长，达到内外一致。

（6）白色曲　主要见于曲堆上层和边层，糖化力较高。原因为：曲表面水分蒸发而使曲块干燥较快。解决措施为：掌握晾汗时间，及时盖草帘。

（7）颜色不正　正常曲块表面为灰白色或微黄色，如果表面出现较多的黑色或黄褐色斑点，甚至整个表面是黄褐色，则曲块不正常了。其原因是：一是小麦发生了变质（发芽或霉变），在制曲管理过程中，随着品温的升高，增加曲块的褐色素，此种曲质量不好，没有正常曲的香气，投入生产后将影响酒的产量和品质；二是曲坯含水量大、品温太高，曲坯在高温高湿的情况下，加速了蛋白质、糖类物质的降解，产生吡嗪类香味物质，氨基酸与糖进行羰氨反应，造成曲块颜色变深。

（8）裂口　曲块表面有裂口，一般分布在曲块上表层或底部平面。其原因一是麦粉细度过粗或水分太小，前期品温上升太快，过早地形成干皮而裂口；二是麦粉细度过细或水分太大，曲块内部水分散失速度太慢，由于曲块内膨胀过大造成表皮裂缝。采取的措施是控制好升温速度和麦粉的粗细度、水分，加强工艺管理。

（9）曲坯感染青霉　感染青霉的部位一般是曲坯的中心或少部分在曲坯表层以下 1~2cm 处。其原因是皮张厚或曲坯表面产生裂缝，感染的时期为后火管理阶段或曲坯在曲库贮存过程中，因此曲坯晾汗时间不宜过长，特别在成型时曲坯表面水分不宜过大，形成厚皮现象，在曲坯后期发酵管理中，特别要加强保温，防止返潮或后火过小，温度下降过快，避免杂菌的侵入；成曲在贮存过程中，加强通风，保持曲库干燥，每间曲库留有通风道，以便及时通风排潮，以 60~80t 容量比较适宜。

（10）曲坯变形　曲坯变形是由水分过大或晾汗时间太短、翻曲时间提前造成的，在现场生产过程中，注意掌握好生产工艺技术参数的控制。

（11）曲坯中心黄曲霉过多　主要是后火过小造成的。因此应从生产工艺环节予以控制，根据不同季节气候的变化，提前堆烧的时间和加强后期的保温防寒工作。

（12）曲坯有烟熏味　主要是因为曲坯内水分较大造成的，应采取及时排潮措施和掌握曲坯含水量，适当调整延迟第二次翻曲或堆烧时机，注意排潮有序，如果曲坯水分大，在堆烧后的 3~5d 可适当进行排潮，但后期无潮则坚决不排。

19. 大曲的感官鉴定

（1）大曲质量感官评价术语

①皮张：大曲发酵完成后，曲坯表面的生淀粉部分，称为皮张。

②窝水：大曲发酵完成后，曲块内心留有不能挥发水的严重现象。

③穿衣：大曲培养时，霉菌着生于曲坯表面的优劣状态。或大曲培养时霉菌着生于大曲表面出现的针尖大小白色物的现象。

④泡气：培养成熟后的大曲，其断面所呈现的一种现象。

⑤生心：大曲培养后曲心有生淀粉的现象。

⑥整齐：培养成熟后的大曲，其切面上出现较规则的现象，这里主要是指菌丝的生长健壮与否。

⑦死板：培养成熟后的大曲，其断面表现出一种结实、硬板、不泡气的现象。

⑧香味（浓香）：大曲香味是指大曲在成熟贮存以后散发出的一种扑鼻的气味中带有浓厚的香味。

（2）大曲感官质量标准要求

①主要评价的项目

香味：曲块折断后用鼻嗅之，应有纯正的固有的曲香，无酸臭味和其他异味。

外表颜色：曲的外表应有灰白色的斑点或菌丝均匀分布，不应光滑无衣或有絮状的灰黑色菌丝（光滑无衣是因为曲料拌和时加水不足或在踩曲场上放置过久，入房后水分散失太快，未成衣前，曲坯表面已经干涸，微生物不能生长繁殖所致；絮状的灰黑色菌丝，是曲坯靠拢，水分不易蒸发和水分过多，翻曲又不及时造成的）。

曲皮厚度：曲皮越薄越好。曲皮过厚是由于入室后升温过猛，水分蒸发太快；或踩好后的曲块在室外搁置过久，是表面水分蒸发过多等原因致使微生物不能正常繁殖。

断面颜色：曲的断面要有较密集的菌丝生长良好均匀，颜色较深。

②大曲的感官质量标准：不同的生产企业制曲生产工艺及检验标准各有差异，但也各有特点。

以某酒企大曲的理化指标标准要求为例（以某酒生产企业为例）：

优级：外表面呈浅褐色或淡黄色，菌丝均匀，生长良好，光滑一致；断面1/2处断面整齐，呈乳白色或深褐色，允许有少量红、黄色斑块；曲香纯正浓郁略带轻微酱香，无其他异香异味；皮厚≤0.1cm。

特级：外表面呈浅褐色或淡黄色，菌丝均匀，生长较好，光滑一致；断面1/2处断面整齐，有少量黑色或红、黄斑点；曲香味较纯正，允许有较微的异味；皮厚≤0.2cm。

一级：外表面呈灰白色或乳白色，菌丝较均匀，生长较好，光滑较一致；断面1/2处断面较整齐，有较多黑色或红、黄斑点；香味曲香味较纯正，有其他异香味或异味；皮厚≤0.3cm。

20. 大曲的理化指标

不同的生产企业制曲生产工艺及检验标准各有差异，但也各有特点。某酒企不同质量等级的大曲理化指标见表1-3。

表1-3　　　　　　某酒企不同质量等级的大曲理化指标

理化标准　　　　质量等级	一级	二级	三级
水分/%	春秋夏季<12，冬季<14		
糖化力/［mg葡萄糖/(g·h)］	300~500	300~800	<300，≥800
酸度/%	≤1.3	≤1.3	≤1.3
发酵力/［gCO$_2$/(g·72h)］	≥1.5	1.5~2.0	≤1
液化力/［g淀粉/(g·h)］	≥0.6	0.5~0.8	≤0.5

优级：糖化力（mg）300~500；发酵力（mL）≥150；酸度≤1.3；液化力（mg）>0.6；水分：春秋夏季<12%，冬季<14%。

特级：糖化力（mg）300~800；发酵力（mL）150~250；酸度≤1.3；液化力（mg）0.5~0.8；水分：春秋夏季<12，冬季<14%。

一级：糖化力（mg）<300或>800；发酵力（mL）≤100；酸度≤1.3；液化力（mg）≤0.5；水分：春秋夏季<12，冬季<14%。

三、实践操作

【步骤一】生产准备

1. 物料准备

按曲房曲块的容量，结合当日生产任务安排，正确计量所使用小麦的数量，首先进行小麦质量的感官鉴别，其质量是否符合生产使用的要求，如发现变质、杂质含量超标等问题，及时做出不予以使用或采取相应的处理措施的决定。

2. 清洁卫生

生产前，将曲房打扫干净，包括对门窗进行清刷，检查曲房的门窗是否完好，如果曲房有1个月以上未生产使用的，则要对曲房进行消毒灭菌工作；将制曲生产车间场地、工用器具、生产车间外部周围环境进行清洁打扫，确保整个环境整洁、卫生，满足制曲生产工艺要求，利于微生物生长的良好生态环境。

当天生产结束后，必须将踩曲场、晾堂、机器、工具等生产场地和生产所使用的设备工具清（冲）洗干净，生产结束时未使用的曲料必须当天进行处理，不能留至第二天生产用。

3. 检查工具

对曲房的门窗、制曲盒子、搭盖使用的草帘（或散谷草）、铺垫的谷糠厚度进行检查，如有损坏、发霉、潮湿的应及时更换，铺垫用的谷糠厚度为冬春季（11、12，次年的1、2、3、4月）5~10cm；夏秋季（5、6、7、8、9、10月）3~8cm。

4. 检查设备

检查小麦粉碎机、搅拌机及电控信号系统等状态是否完好和正常。

5. 检查计量器具

生产过程中使用的计量器具如温度计、20目筛盘、称重计的检查，确保完好及满足生产使用计量的要求。

【步骤二】小麦粉碎

1. 润麦

根据当天生产任务所需的小麦量，堆积成堆，添加热水（65~85℃），水量4%~7%，边拌和边加热水，至少翻拌2次以上，直至使小麦吸水均匀即可收堆。收堆后，润麦时间85~120min，小麦润麦后的感官标准为：表面收汗，内心带硬，口咬不粘牙，尚有干脆响声。

2. 粉碎

用对辊式粉碎机将小麦粉碎成"烂心不烂皮"的梅花瓣。经过粉碎，粉碎度要求粗粒及麦皮不可通过20目筛，而细粉要求通过20目筛，细粉冬春季（11、12，次年的1、2、3、4月）占30%~35%；夏秋季（5、6、7、8、9、10月）占36%~40%。

3. 加水拌料

根据小麦自身含水和润麦环节所添加的水，确定在小麦粉拌和时需要添加的新鲜水量，边拌和边加水，翻拌2次以上直至小麦粉吸水均匀即可，然后堆闷5~8min。拌和好的小麦粉料的感官标准：以手捏成团不粘手，未见明显生粉为准，并使粉料满足含水春季（11、12，次年的1、2、3、4月）占32%~37%；夏秋季（5、6、7、8、9、10月）占36%~43%的工艺技术参数要求。

【步骤三】曲坯成型

1. 制曲盒子的准备

规格尺寸为：（27~32）cm×（18~25）cm×（5~6）cm，每块曲坯的质量为6~8kg，将制曲盒子清洗干净，并检查制曲盒子有无损坏、销子有无脱落等情况。

2. 成型

一人一个制曲盒子，站在制曲盒子上将曲料一次性装入制曲盒，制曲盒子四角的料要装紧、填满，首先用脚掌从中心踩一遍，再用脚跟沿边踩一遍，要求"紧、干、光"，边踩边用前脚掌剔除多余粉料，然后用脚沾点水沿包包向下滑两遍进行提浆。

踩制好的曲坯感官标准要求：四角整齐，不缺边掉角，以"中心松四周紧，其余松紧一致，提浆效果好"为准。

3. 晾汗

成型的曲坯需在踩曲场晾置一段时间，晾置时间：冬春季（11、12，次年的1、2、3、4月）不超过30min；夏秋季（5、6、7、8、9、10月）不超过10min为适宜。晾汗后的曲坯感官标准为：手的食中指在曲坯的表面轻压一下不粘手即可进行转运。

4. 转运曲坯

转接过程中一定轻拿轻放，避免损坏曲坯的形状；以每一小车次装曲坯不超过20块为宜。

5. 入室安曲

检查曲房内的铺垫谷糠厚度是否满足生产要求，过厚或过薄必须提前进行调整。按一字形摆放，四周离墙间隙8~15cm，曲坯间距1~2cm，中间留一行不摆放曲坯，安满一间曲房后，随即盖上草帘，插上温度计，以便检查品温，关闭门窗，使曲房保持一定的温度、湿度。

【步骤四】培菌管理

曲质好坏，决定于入室后的培菌管理。根据发酵情况适当地调节曲坯的品温、曲房内的湿度，通过喷洒水或加热、翻曲、堆烧（收拢）等方式和手段，为生产所需的有益菌繁殖创造条件，控制曲坯缓缓升温，缓缓下降，实现"前缓、中挺、后缓落"制曲生产品温的控制理念，实现多粮浓香型大曲质量的提高和保障，因此，培菌管理是制曲生产管理的核心工作，是白酒生产过程中重要的关键工序。

1. 曲坯品温控制

室温10~20℃时，前7天曲坯品温≤50℃，3天内不排潮，3~7天，9点、16点进行排潮，根据潮气的大小，每次排潮时间不超过10min，只半开门或窗；室温20~30℃时，前5天曲坯品温≤50℃，2天内不排潮，2~7天，8点、13点、18点进行排潮，根据潮气的大小，每次排潮时间不超过20min，开门和窗；室温30℃以上，前3天曲坯品温≤50℃，15天以内，品温≤63℃，15天后逐渐降至35~45℃。当天即可开门或窗，并向墙壁和草帘等覆盖物上面喷洒冷水，6~10天内8点、13点、19点进行排潮，根据潮气的大小，每次排潮时间不超过 60min，开门和窗；11~20 天内白天只开小洞窗，晚上全关闭。

2. 翻曲、堆烧（收拢）

第一次翻曲：冬春季（11、12，次年的 1、2、3、4 月），品温 45~50℃时；夏秋季（5、6、7、8、9、10 月），品温 50~60℃时即可进行第一次翻曲，把曲坯由一层堆为二层。

第二次翻曲：冬春季（11、12，次年的 1、2、3、4 月），品温 56~62℃时；夏秋季（5、6、7、8、9、10 月），品温 55~63℃时即可进行第二次翻曲，把曲坯由二层堆为四层。

堆烧（收拢）：即第三次翻曲，冬春季（11、12，次年的 1、2、3、4 月），品温 50~56℃时；夏秋季（5、6、7、8、9、10 月），品温 45~60℃时即可进行堆烧（收拢），把曲坯由四层堆为八层。

【步骤五】大曲质量检验

1. 取样

采用"5 点法"（即 4 角 1 中心）进行随机抽样，每间曲房取样曲块为 20 块，先选定好曲取样的层、排、点，取样按每一个点的周围 40cm 左右曲样 4 块（上、下、左、右各 1 块）进行。

2. 感官质量判断

将 20 块大曲，每块分别对半断开，按大曲感官质量标准的项目逐一进行评价和打分。

3. 理化质量判断

按大曲理化指标的分析方法，对每间曲房不同感官质量等级大曲的综合样品进行理化分析，出具大曲理化质量指标检验结果。

4. 大曲综合质量等级的确定

以大曲的感官质量验收为基础，结合理化指标的分析结果进行综合评分。未达到相应理化质量指标标准的大曲，其综合质量评分按感官验收评分的 90% 进行计算；理化指标达到标准的，其综合质量评分即为感官验收的评分分数。根据大曲综合质量分值，确定大曲所对应的等级。

工作记录

工作岗位：　　　　　　项目组成员：　　　　　　　　　　指导教师：

项目编号		项目名称	
任务编号		任务名称	
生产日期		气温/湿度	
产品产量要求			
产品质量要求			

开工前检查

场地和设备名称	是否合格	不合格原因	整改措施	检查人
储曲房				
曲房				
制曲盒子				
制曲机械				
踩曲场				
晾堂				
小麦粉碎机				
搅拌机				
电源				
电控系统				
水源				
润料池				
运输装置				
手推车				
曲虫灯				
制曲盒子				
温度计				
筛盘				
称重计				
稻草和草帘				
复核人：　　年　月　日		审核（指导教师）：　　　　　年　月　日		

物料领取

名称	规格	单位	数量	单价	领取人
小麦					
谷粮					
草帘					
复核人：　　　　年　月　日			审核（指导教师）：　　年　月　日		

工作过程记录

操作步骤		开始/结束时间	操作记录	偏差与处理	操作人/复核人
生产准备					
小麦粉碎	润料				
	粉碎				
	拌料				
曲坯成型	制曲盒子的准备				
	成型				
	晾汗				
	转运曲坯				
	入室安曲				
培菌管理	曲坯品温控制				
	翻曲堆烧				
大曲质量检验	取样				
	感官质量判断				
	理化质量判断				
	大曲综合质量等级的确定				
场地清理					
设备维护					

成果记录

产品名称	数量	感官指标	理化指标	产品质量等级	产品市场估值（元）
成品大曲					

复核人：　　　　　　　　　年　月　日　　审核（指导教师）：　　　　　　　年　月　日

四、工作笔记

1. 浓香型大曲的作用是什么？

_____

_____

_____

2. 浓香型大曲的制作流程有哪些？

_____

_____

_____

3. 制作浓香型大曲原料的种类及质量要求是什么？

_____

_____

_____

4. 浓香型大曲培养的条件有哪些？请具体分析。

_____

_____

_____

_____

5. 浓香型大曲的病害及其防治有哪些？

_____

_____

_____

6. 浓香型大曲的品质标准是什么，如何判断？

_____

_____

_____

7. 本项目碳排放数据收集，包括涉及的步骤和降耗降碳措施的探讨。

_____

_____

_____

_____

_____

_____

五、检查评估

（一）在线测验

模块一项目一测试题

请填写测验题答案：

_____

_____

_____

_____

（二）项目考核

1. 按照附录白酒酿造工和培菌制曲工国家职业技能标准（2019 年版）技能要求进行考核。

2. 各项目组提交产品实物、成果记录表，并将照片上传到中国大学 MOOC，由指导教师评价。

3. 小组互评

（1）任务实施原始记录表　原始记录要求真实准确，满分 30 分，缺项或有错误扣 1 分。多粮浓香型大曲温度湿度控制曲线见表 1-4。多粮浓香型大曲生产记录表见表 1-5。

（2）产品质量评价　满分 30 分，比照标准，按各等级产品数量评分。

表 1-4

多粮浓香型大曲温度湿度控制曲线图

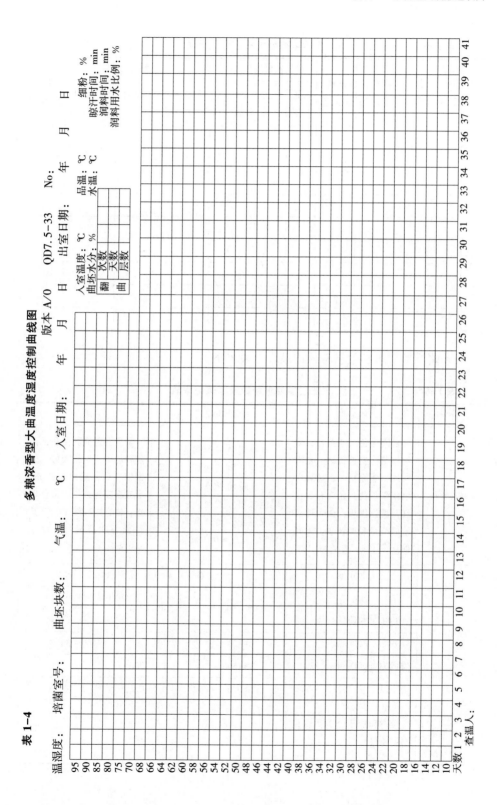

表 1-5　　　　　　　　　　　　　多粮浓香型大曲生产记录表

日期	发酵室号	小麦质量/kg	润料水质量/kg	润料水温/℃	润料堆积			首检粉碎度			拌料水温/℃
					起始时间	终止时间	堆积时间/min	取样量/g	过20目筛量/g	过20目筛比例/%	

大曲质量要求和数量考核记录表见表 1-6。

表 1-6　　　　　　　　大曲质量要求和数量考核记录表

评价指标		优级曲	特级曲	一级曲
感官质量		呈浅褐色或淡黄色，菌丝均匀，生长良好，光滑一致；断面整齐，呈乳白色或深褐色，允许有少量红、黄色斑块；曲香纯正浓郁略带轻微酱香，无其他异香异味；皮厚≤0.1cm	呈浅褐色或淡黄色，菌丝均匀，生长较好，光滑一致；断面整齐，有少量黑色或红、黄斑点；曲香味较纯正，允许有较微的异味；皮厚≤0.2cm	呈灰白色或乳白色，菌丝较均匀，生长较好，光滑较一致；断面较整齐，有较多黑色或红、黄色斑点；曲香味较纯正，有其他异香味或异味；皮厚≤0.3cm
理化标准	水分/%	春秋夏季<12，冬季<14		
	糖化力/ [mg 葡萄糖/(g·h)]	300~500	300~800	<300，≥800
	酸度/%	≤1.3	≤1.3	≤1.3
	发酵力 [gCO$_2$/(g·72h)]	≥150	150~200	≤100
	液化力 [g 淀粉/(g·h)]	≥0.6	0.5~0.8	≤0.5
产品质量（标准水分）/kg		各级曲得分为：质量(kg)×权重		

对感官和理化验收过程中的问题曲查找产生原因，查找各原始生产记录，提出下一步的改进措施和预防措施，避免生产中再次出现类似质量问题。能够绘制品温、湿度和理化指标变化曲线，以此判断生产过程的控制状态，为日常生产管理提供科学依据（20分）。

六、传承与创新

大曲生产技术探究

（一）制曲生产的最佳季节

制曲生产的最适宜季节为春末夏初至中秋节前后，即3～10月。如《齐民要术》载："大凡作曲七月（阴历）最良……"夏季气温高，湿度大，空气中微生物数量多，是制曲的最佳季节。不同季节的微生物分布：春秋季温度较低，湿度较大，酵母数量较多；夏季高温高湿，适宜真菌生长，真菌数量较多；冬季气温低，空气干燥，细菌较多。

（二）大曲中的微生物及酶系

1. 大曲中的微生物

（1）真菌类　大曲中的真菌主要包括曲霉（米曲霉、黑曲霉、红曲霉）、根霉、毛霉、犁头霉、青霉。主要是起分解蛋白质和糖化作用。

（2）酵母菌类　大曲中的酵母菌主要包括酒精酵母、产膜酵母、汉逊酵母、假丝酵母、拟内孢霉、芽裂酵母等。酒精酵母能将可发酵糖变成酒精，而产酯酵母可产酸或酯类。

（3）细菌类　大曲中的细菌主要包括醋酸菌、乳酸菌、芽孢杆菌。细菌能分解蛋白质和产酸，有利于酯的合成。

2. 大曲中的酶系

制曲过程微生物的消长变化直接影响大曲中的微生物酶系。曲坯入房中期，曲皮部分的液化酶、糖化酶、蛋白酶活性最高，以后逐渐下降；酒化酶活性前期曲皮部分最高，中期曲心部分最高；培曲中期，各部分酶活性达到最高，酯化酶在温度高时比较多，因此，曲皮部分比曲心部分酯化酶活性高，但酒化酶活性则曲心部分比曲皮部分高。

（三）大曲的作用和特点

酿制大曲酒用的糖化、发酵剂在制造过程中依靠自然界带入的各种野生菌，在淀粉质原料中进行富集、扩大培养，并保藏了各种酿酒用的有益微生物。再经过风干、贮存，即成为成品大曲。其特点如下。

1. 生料制曲、自然接种、开放式制作

许多研究表明，生料上生长的微生物群比熟料上的生物群要适用得多，如生料上的菌可以产生酸性羧基蛋白酶，可以分解加热变性后的蛋白质，真菌的生成量十分可观，这样有利于保存原料中所含有的丰富的水解酶类，有利于大曲酒酿造过程中淀粉的糖化作用。

大曲无须人工接种而采用自然接种，并采用开放式制作，最大限度地网罗了环境中的微生物，增加了大曲培养过程中微生物的种类和总量。利用有益微生物的生长繁殖，在曲坯内积累酶类及发酵前体物质，为自身的微生物发酵提供营养物质和产生特有的香味物质成分。大曲菌种繁多、酶系复杂，菌酶共生共效，营养物质丰富，使大曲酒比其他纯种曲酿制的酒的口感和风味更为突出。也因为如此，"一高两低"又显然是它的不足之处，即"残余淀粉高、酶活力低、出酒率低"。

2. 作为酿酒原料的一部分，对白酒香型风格起着重要作用

大曲用量较大，有的大曲酒曲（酱香型白酒的生产）的使用量和原料使用比例可达 1∶1，一般多粮浓香型大曲用曲量为粮食的 18% ~ 25%，所以也是酿酒原料的重要组成部分。微生物在曲坯上生长繁殖时，分泌出各种水解酶类，使大曲具有液化力、糖化力、产酯力和蛋白分解力等。大曲中含有多种酵母菌，具有发酵力、产酯力。在制曲过程中，微生物分解原料所形成的代谢产物，如氨基酸、阿魏酸等，它们是形成大曲酒特有的香味前体物质，同时氨基酸也是提供酿酒微生物的氮源，所以酒曲的质量直接关系到出酒的质量。

3. 提倡生产伏曲、使用陈曲

大曲的踩曲季节在春末夏初期间，此时气温及湿度都比较高，有利于控制曲房的培养条件，一般认为"伏曲"质量较好。大曲必须贮存一段时间才能投入生产环节使用，通过贮存使大曲的水分减少，产酸细菌失活或死亡，同时延长发酵时间，增加香气，一般要求贮存 3 个月以上的陈曲才能使用，否则因其酶活力强，会影响酿酒生产的发酵速度。

（四）大曲生产的类型

按照培菌制曲控制的顶温及中挺时间的长短，大曲可分为三类。

（1）高温大曲　培养制曲的最高温度达 60℃以上，主要用于酱香型白酒的生产。

（2）中温大曲　培养温度在 50 ~ 60℃。主要用于浓香型白酒的生产，很多生产浓香型大曲酒的企业将中温大曲与偏高温大曲按比例配合使用或生产中偏高温大曲，使酒质醇厚，有较高的出酒率。

（3）低温大曲 培养温度为 45~50℃，一般不高于 50℃。制曲工艺着重于"排列"，操作严谨，保温、保潮、保温各阶段环环相扣，控制品温最高不超过 50℃，主要用于清香型白酒的生产。

各名优酒厂大曲生产最高品温：茅台 60~65℃；泸州 55~60℃；西凤 55~60℃；龙滨高温曲 60~63℃；五粮液 58~60℃；汾酒 45~48℃；董酒麦曲 44℃；全兴 60℃；长沙高温曲 62~64℃。

（五）微生物的种类和特点、生长条件

1. 微生物的种类和特点

微生物是指那些个体微小，构造简单的一群小生物。大多数微生物是单细胞，部分是多细胞。一般来说，微生物主要是指细菌、放线菌、酵母菌、真菌和病毒五大类。与酿酒有关的主要是酵母菌、细菌和真菌，它们在白酒生产中对酒的质量、产量起到重要的作用。

微生物的主要特点：体积小、种类多、繁殖快、分布广、容易培养、代谢能力强。了解微生物的特点对我们利用微生物有重要的意义。

2. 微生物的营养及生长

（1）微生物对营养的要求 营养物质是指环境中可被微生物利用的物质，营养物质是微生物生命活动的物质基础。营养物质的确定主要依据组成细胞的化学成分及生产所需的代谢产物的化学组成。一般的微生物细胞含水分、蛋白质、碳水化合物、脂肪、核酸和无机元素，其中碳、氢、氧和氮占全部干重的 90%~97%。

（2）影响微生物生长的因素

水分：微生物没有水就不能进行生命活动。

碳源：碳素化合物是构成生物细胞的主要元素，也是产生各种代谢产物和细胞内储藏物质的主要原料。凡是能够供应微生物碳素营养物质的称为碳源。

氮源：氮是微生物不可缺少的营养。氮是构成微生物细胞蛋白质和核酸的主要元素。

无机盐类：无机盐类是构成微生物菌体的成分，也是酶的组成部分。微生物所需的无机盐有硫酸盐、磷酸盐、氯化物以及含钾、钠、镁、钙等元素的化合物。

生长素：微生物本身不能合成但又是微生物生长所必需的物质，这些物质称为微生物的生长因素。

温度：微生物的生长发育是一个极其复杂的生物化学反应，这种反应需要在一定温度范围内进行，所以温度对微生物的整个生命过程有着极其重要的影响。

氢离子浓度（pH）：白酒生产中常利用 pH 控制微生物的生长。

空气：空气中含有氧，按照生物对氧的要求不同，可将它们分为三类：好气性微生物；厌氧性微生物；嫌气性微生物。

界面：界面就是不同相（气、液、固）的接触面。界面与微生物的关系很大。

（六）浓香型大曲生产与使用中应注意的问题

大曲不仅是糖化发酵剂，更是生物酶产生与贮存的载体，也是原料中基本与非基本组分热降解和非酶促化学反应的过程。因而大曲质量的优劣决定了白酒质量好坏，也决定了白酒的风格。

（1）清香、浓香、酱香、芝麻香、兼香各香型白酒的本质差异是大曲生产工艺的不同。

（2）要生产优质酱香、芝麻香型白酒，必须首先生产好高温大曲。

（3）浓香型白酒要绵甜、醇和、净爽，必须要细菌生长旺盛、真菌生长受到抑制的中高温大曲。

大曲中各类生物酶的直接或间接催化下生成各类香味物质，其包含的生物酶种类繁多，有淀粉酶（α-淀粉酶、β-淀粉酶、糖化酶、异构淀粉酶等）、蛋白水解酶、酯化酶、转氨酶、脱羧酶、氧化酶等。所以大曲培制过程应追求大曲中生物酶多样性。很多酿酒企业，只注意糖化力高低，甚至认为只有糖化力高才是优质曲，这不能不说是一个错误的观念。

在注意糖化酶活力高低的同时，应要求大曲应有适当的 α-淀粉酶（液化型）、蛋白水解酶的活力。否则不但出酒率不高，且酒体淡薄。因为没有液化型 α-淀粉酶和蛋白水解酶，不能将淀粉转化成糊精，蛋白质不能转化成氨基酸，因而提高液化型 α-淀粉酶及中性、酸性蛋白水解酶的活力，应是大曲重要的指标。尤其酒醅中含有植物蛋白、动物蛋白，如果只用一种蛋白水解酶，只能轻度酶解，水解度低，酶解的多肽分子质量较大，不能有效地参与羰氨反应，形成协调的香气，使糟醅中蛋白质利用率低，对需要的香味成分贡献度小。因而利用具有不同专一性的蛋白酶在各自最适条件下，对蛋白质进行分级组合酶解，即多级靶向酶解，可使蛋白质利用率高，对香味物质的形成贡献度大，所以在制曲过程中，应注意培养细菌的多样性，蛋白水解酶的不同专一性，使酶解获得的氨基酸种类齐全，香味馥郁，自然纯正。

从微生物特性而言，细菌（多种芽孢杆菌）既产生液化型 α-淀粉酶，又产生中性或酸性蛋白酶，如地衣芽孢杆菌。要使这两种酶的活力提高，必须给予细菌生存繁殖发酵的条件，因而适当提高制曲水分（39%~41%）和微氧环境是必需的。

制曲过程既是生物酶产生过程，又是原料中部分淀粉、蛋白质、脂肪酶解过程。在 50~60℃，各种生物酶达到最适酶解温度。所以生产中高温大曲所追求的目的之一是产生一定量的糖、氨基酸和高级脂肪酸。这些物质在加热的作用下，促使这些基本组分、非基本组分的热降解产生多种香味物质，同时发生非酶化学反应，所以制曲过程也是热降解及非酶化学反应过程。

大曲中微量成分的种类多少、含量高低在白酒酿造中发挥了相当重要的作用，它影响着中国白酒的质量和风格。采用多株细菌制作强化高温大曲，使大曲的质量明显提高，且微量成分显著增加。

（七）以生产中温强化大曲为手段，实现安全度夏和热季减排

酿酒生产中出现产量低、品质较差的问题，通过提取耐高温的真菌、酵母及芽孢杆菌（枯草芽孢杆菌、地衣芽孢杆菌、己酸菌），投入制曲生产过程中进行扩大培养，以提高大曲中微生物能够耐较高温度、酸度的糟醅的适应性，维持较好的生物酶活力，促进酿酒生产高产高质的双目标。通过试验，得出以下数据，见表1-7。

表1-7　　　　　　　　　　　　　强化大曲感官和理化指标

曲种类	感官	水分/%	酸度/%	糖化力/ [mg 葡萄糖/ (g·h)]	液化力/ [g 淀粉/ (g·h)]	蛋白水解力/ [μg/(g·min)]
对照曲	断面整齐，呈灰白色，曲香和酱香较淡	14	1.2	580	0.7	18.98
优质高温大曲	断面整齐，呈棕褐色，曲香和酱香浓	14	1.3	150	1.2	36.66
试验曲1	断面整齐，呈棕褐色，曲香和酱香浓	13	1.4	180	1.18	40.5
试验曲2	断面整齐，呈棕褐色，曲香和酱香浓	13	1.3	160	1.13	44.43
试验曲3	断面整齐，呈棕褐色，曲香和酱香浓	14	1.3	160	1.28	40.74

不同香型大曲的理化指标和微生物活性见表 1-8。

表 1-8　　　　　　　　　不同香型大曲的理化指标和微生物活性

项目	酱香	浓香	清香	兼香（中温）	兼香（高温）
水分/%	12.5	12.88	13.17	14	12
酸度（以乳酸计）/%	1.83	0.96	0.82	0.83	1.68
糖化力/[mg 葡萄糖/(g·h)]	270	1045	1480	870	330
液化力/[g 淀粉/(g·h)]	1.35	6.75	8.32	5.35	2.26
pH3 的蛋白酶活力	111	61.23	38.74	61.5	82.28
发酵力/[gCO$_2$/(g·72h)]	0.8	2.03	4.85	2.06	0.75
升酸幅度	0.464	0.33	0.43	0.363	0.34
酯化酶活力	0.42	0.567	0.63	0.49	0.36
酯分解率/%	40.72	30.6	31.3	27.6	27.8
酵母菌数/(×10^4 个/g)	88.7	183.48	186.53	113.95	76.63
真菌数/(×10^4 个/g)	85.23	95.81	158.29	172.35	115.35
细菌数/(×10^4 个/g)	359	550	403	541.6	422
样品数	2	4	3	2	2

资料来源：《酿酒科技》，2005。

某酒企中温大曲的品温记录见表 1-9。

表 1-9　　　　　　　　　　某酒企中温大曲的品温记录

日期		5月1日	5月6日	5月7日	5月8日	5月9日	5月10日	5月12日	5月13日	5月14日	5月15日	5月16日	5月17日	5月18日	5月19日	5月20日	5月21日
气温/℃	低	17	17	18	19	17	17	20	20	21	21	19	18	18	19	19	18
	高	26	25	27	23	21	28	32	32	30	30	25	22	25	30	32	32
室温/℃		20	29.5	30.5	30.5	32	33	34	35.5	37	35	35	35	34	35	36	36
品温/℃		24	49	53	57.5	60	61	60	60	61	60.5	60.5	60	59	60	61	61
潮火			较大	较大	大	大	大	大	大	大	大	大	大	大	大	大	大
					较大	较大	较大	较大	较大	较大	较大	较大	较大	较大	大	大	大
今入					后窗	后窗	后窗	一翻	后窗	后窗	后窗	后窗	堆烧			窗开	窗开

续表

日期		5月22日	5月23日	5月24日	5月25日	5月26日	5月27日	5月28日	5月29日	5月30日	5月31日	6月1日	6月2日	6月3日	6月4日	6月5日	6月6日
气温/℃	低	22	23	22	20	20	20	20	22	20	20	21	21	21	24	24	23
	高	35	32	27	26	33	33	35	28	27	31	33	35	35	35	29	33
室温/℃		36	36	35	35	34	34	33	32	32	28	26	25	25	24	24	23
品温/℃		61	62	61	60	59	58	56	54	52	45	42	38	34	30	28	25
潮火		大	大	较大	较大	较大	较大	较大									
		大	大	大	大	大	大	较大	较大	较大	较大	较大					
窗开																	今收

（八）机械制曲的主要设备及介绍

机械制曲的主要设备有：磨粉机、下料器（调节）、搅拌器、输送带、成型机等。与传统人工踩制曲坯比较，机械制曲的优点是：可节约操作人员数量30%~40%，产量提高1~2倍，加水量稳定，曲坯松紧度一致，同时大大地降低了生产工人的劳动强度和缩短踩制作业时间。缺点是：提浆效果较差，四周松紧度较松。

▶▶ 课程资源

浓香型大曲的生产准备

浓香型大曲的特点及制作工艺

大曲微生物的来源及分布

浓香型大曲的曲坯成型

包包曲的制作工艺

大曲的培养机理

浓香型大曲的病虫害
及处理方法

大曲的三系和特征

走进酒曲

浓香型大曲的储存变化
及生产使用问题

曲坯成型

浓香型大曲的拆曲

浓香型大曲培菌管理

大曲的贮存

培菌管理

入房安曲

曲原料的粉碎

项目二　开窖起糟

一、任务分析

　　开窖起糟是浓香型白酒生产的第一个工序。开窖是将封在糟醅上的封窖泥，按照工艺要求拨开，并打扫干净附着在封窖泥上残糟的过程；起糟是将糟醅按照在窖池中的层次进行起糟后，按照层次进行分层堆糟的过程。对开窖后的出窖酒糟发酵情况和黄水情况进行鉴定，为下一步配料做好准备。

　　本任务主要完成开窖、起糟、打黄水坑和拌和润粮操作，正确地进行出窖酒糟和黄水识别，再根据二者情况，对出窖酒糟进行准确和稳定的配料，为生产的下一步—上甑蒸馏接酒做好准备，达到正常循环生产的目的，从而稳定和提高产品质量和产量。

本任务需重点掌握：

（1）五种粮食的质量判断，酿酒作用和粉碎要求。

（2）开窖的正确操作方法。

（3）起糟的方法和注意事项。

（4）黄水坑的打法和滴窖舀黄水的操作及注意事项。

（5）粮食拌和和润粮操作及注意事项。

（6）对出窖酒糟和黄水进行鉴定，判断发酵情况，为下轮配料做好准备。

（7）配比粮食和辅料的计算。

二、知识学习

（一）线上预习

请扫描二维码学习以下内容：

| 开窖起糟 | 母糟分析 | 黄水分析 |

发酵分析　　　原辅料处理

（二）重点知识

1. 酿酒原辅料

酿酒原料种类较多，有单一粮食酿酒，也有多种粮食混合酿酒。在酿制浓香型白酒，特别是酿制五粮浓香型酒时，其使用的五种粮食分别是高粱、玉米、大米、糯米和小麦。以下是常用的酿酒原料介绍。

（1）高粱　也称红粮、小蜀黍、红棒子，籽粒有红、黄、白等颜色，呈扁卵圆形。可按其粒质分为糯性高粱和非糯性高粱。北方以非糯性高粱为主，南方以糯性高粱为主。糯性高粱几乎全部是支链淀粉，结构比较疏松，根霉生长性较强，高粱在小曲酒的生产中出酒率较高。非糯性高粱含有部分的直链淀粉，结构较紧密，蛋白质较高。颜色的深浅反映其含有的单宁和色素量的多少。微量的单宁及花青素等色素成分，在发酵和蒸煮后，其衍生物为香兰酸等酚类化合物，可以赋予白酒特殊的芳香，为白酒起到增香的作用。高粱壳中单宁的含量一般在2%左右，籽粒含量较少，一般在0.2%~0.3%。由于高粱的结构特点，经过蒸煮后较为疏松，黏而不糊，是较好的酿酒原料。

（2）玉米　也称玉蜀黍、大蜀黍、棒子、包谷、包米、珍珠米。按其粒形，粒质分为马齿型、半马齿型、硬粒型、爆裂型等类型。籽粒形状有马齿形、三角形、近圆形、扁圆形等，种皮颜色主要为黄色和白色。由于玉米的胚芽含有大量的脂肪，利用带胚芽的玉米酿酒，会使糟醅在发酵过程中生酸快、升酸幅度大，且脂肪氧化形成的异杂味成分易带入酒中影响酒质。故酿酒的玉米必须做脱胚芽处理。玉米中含有大量的植酸，在发酵过程中生成环己六醇和磷酸，磷酸还能促进甘油的生成。多元的醇类具有明显的甜味，故玉米给酒带来醇甜感。由于玉米淀粉颗粒形状不规则，质地较坚硬，结构比较紧密，在蒸煮过程达到较好的熟度较困难，故酿酒使用的玉米必须经过粉碎，但一般粳玉米蒸煮后不黏不糊。

（3）大米　稻谷经脱壳碾去皮层所得的成品粮的统称。可分为籼米、粳米和糯米，糯米又分为籼糯米和粳糯米。粳米淀粉结构比较疏松，糊化较易。如果蒸过头就会比较黏，在发酵温度上控制较难。大米的淀粉含量较高，蛋白质及脂肪含量较少，有利于低温缓慢发酵，成品酒较纯净。稻谷又有早熟和晚熟之分，一般晚熟稻谷蒸煮后较软、较黏。

大米在白酒的蒸馏过程中，可将饭的香味成分带至酒中，使酒质较爽净。故五粮液、叙府等多粮大曲酒在粮食配方中都配有一定比例的粳米；在小曲酒的酿制中，如三花酒、玉冰烧等都是以粳米为酿酒原料。

糯米质软，蒸煮过后的黏度较大，故要与其他原料按照一定比例配合使用，使酿制的白酒有甘甜味。

（4）小麦　按照播种季节的不同分为春小麦和冬小麦；按小麦籽粒的粒质和皮色分为硬质白小麦、软质白小麦、硬质红小麦、软质红小麦。小麦除可以用于制曲外，还可用于酿酒。小麦是以糖类为主，除含有淀粉外，还含有少量的葡萄糖、蔗糖、果糖等（其含量一般为2%~4%），2%~3%的糊精。小麦蛋白质的组分主要是麦胶蛋白和麦谷蛋白，麦胶蛋白的氨基酸较多。这些蛋白质可在发酵过程中形成香味成分，随着蒸馏带入酒中，赋予酒体独特的香味。故五粮液、叙府大曲酒等在粮食配比中都使用了一定量的小麦。但是小麦的用量要控制好，以免发酵时产生过多的热量，影响糟醅升温发酵。

五种粮食感官指标及理化指标见表1-10。

表 1-10 五种粮食感官指标及理化指标

品名	感官指标		判断	理化指标			
	色泽	颗粒形状		水分	淀粉	蛋白质单宁	夹杂物/%
高粱	黄褐色	坚实、饱满、均匀、皮薄	无虫蛀、霉变	≤14%	≥60%	—≤0.2%	≤1.0
大米	白色	坚硬、饱满、均匀、皮薄	无虫蛀、霉变	≤14%	≥62%		≤0.4
糯米	白色	坚硬、饱满、均匀	无虫蛀、霉变	≤14%	≥60%	≥10%	≤0.4,夹大米≤10
小麦	淡黄色	坚实、饱满、均匀	无虫蛀、霉变	≤14%	≥62%	≥10%	≤1.0
玉米	金黄色	坚实、饱满、均匀、皮薄	无虫蛀、霉变	≤14%	≥60%		≤1.0

(5) 酿酒辅料

①稻壳: 稻壳是稻谷的外壳。一般在使用中用 2~4 瓣的粗壳。因为细壳中大米的皮较多, 故脂肪含量高, 疏松度低, 所以不使用细壳。由于稻壳质地硬、吸水性差, 故使用的效果和对酒糟的质量较谷糠差。但经适度粉碎的稻壳吸水能力增强。又因其价廉易得, 故被广泛用作酒醅辅料发酵和蒸馏的填充料。但稻壳中含有较多的多缩戊糖和果胶质, 在发酵生产的过程中会生成糠醛和甲醇, 随蒸馏过程带入酒中影响酒质, 故在使用前需对稻糠清蒸 30~40min, 以除去其中的多缩戊糖和果胶质。

②谷糠: 谷子在加工小米时脱下的外壳, 可作为酿造白酒过程中的辅料。在酿酒中所使用的是粗谷糠, 其具有用量少, 发酵界面较大的特点。故在小米产量较多的地方多以它为填充辅料, 也可与稻壳混用。使用经清蒸的粗谷糠制大曲白酒, 可使成品酒有醇香和糟香。细谷糠是小米的糠皮, 因其脂肪含量高, 疏松度低, 不宜用作辅料。

2. 原料的粉碎

酿酒原料由各种粮食混合粉碎而成 (也可根据原料颗粒的大小情况, 采取部分粮食单独粉碎), 粗细程度要求一粒粮食分为 6~8 瓣, 能通过 20 目筛的细粉约为 20%。浓香型大曲酒生产高粱一般粉碎成 4~6 瓣, 能通过 40 目筛, 粗粉占 50% 左右。多粮型生产的原料粉碎要求成 4、6、8 瓣, 无整粒混入; 玉米粉碎成颗粒, 大小相当于其余四种原料, 无大于 1/4 粒者混入; 多粮粉混入后, 能通过 20 目筛的细粉需低于 20% 的比例。有的单粮型曲酒生产高梁粉碎成4~6瓣，对于坚硬的黑壳高粱要求适当粉碎得细些。

3. 开窖注意事项

（1）严禁用铁锨开窖。

（2）当日需糟醅方能开窖，禁止提前较长时间开窖。

（3）面糟中若出现霉烂糟醅，必须除尽才能起糟使用。

（4）要将封窖泥上残余的糟醅尽量打扫干净。因糟醅未打扫干净，经过长期的循环，会使封窖泥含糟量偏高，封了的窖池管理上难度增大，且容易形成砂眼，不能满足窖池密封发酵的需要，导致出现霉烂糟醅和影响产质量，故要将封窖泥上的残糟尽量打扫干净。

（5）面糟中出现的霉烂糟醅必须除尽。因霉烂的糟醅会在蒸馏的过程将霉味带入酒中，严重影响酒质，所以必须除尽。

4. 出窖酒糟的鉴定

开窖鉴定主要是利用感官鉴定的方法对发酵出窖酒糟和黄水进行鉴定。

（1）发酵正常的出窖酒糟应疏松泡气，不显软，比较有骨力，颜色呈深猪肝色；闻其香有酒香和酯香；黄浆水无浑浊，呈亮色，悬丝长，口尝涩味大于酸味。这种出窖酒糟在下排稳定配料，操作细致，对稳定和提高产、质量有益。

（2）发酵基本正常的出窖酒糟，疏松泡气，有一定的骨力，呈猪肝色，闻香有酒香。黄浆水透明清亮，悬丝长，呈金黄色，口感上有涩味和酸味。这种发酵的出窖酒糟酒，一般情况香气较弱，有回味，酒质比第一种情况略差，但出酒率比较高。这种出窖酒糟在上排的入窖水分相对偏大，发酵后黄水较多，下排配料时在其他稳定的基础上，适当减少量水用量，控制较为合理的入窖水分，以保证酒质。

（3）发酵不正常的出窖酒糟相对较差的是出窖酒糟显软，骨力差，酒香差。黄浆水悬丝不好，呈黄中带白的颜色，口感有点甜味，酸、涩味少。这种出窖酒糟黄水不易滴出。这种出窖酒糟在下排配料时应加糠减水，把入窖出窖酒糟做疏松，同时注意入窖的温度，适当低一点。一般情况，这种出窖酒糟要通过几排的努力，才会使出窖酒糟正常，不可操之过急。

（4）出窖酒糟显腻，骨力较差，黄浆水浑浊不清，黏性较大。该情况比第三种情况好些。这种出窖酒糟同样应加糠，减少量水用量，入窖水分控制在范围内。

5. 通过对黄浆水的口感判定出窖酒糟的发酵情况

（1）黄浆水酸味大，涩味少　一般情况是上排出窖酒糟入窖温度较高，同时出窖酒糟受到醋酸菌、乳酸菌等产酸菌的感染，造成酵母的繁殖活动受到抑制，因而发酵出窖酒糟残余淀粉较高，部分还原糖还未被利用。这种出窖酒糟一般出酒率较低，质量较差。

（2）黄浆水呈苦味 第一种情况是出窖酒糟的用曲量过大，而且量水用量不足，造成入窖糟醅因水小和发酵升温太快而出现出窖酒糟"干烧"现象，就会使黄浆水带苦味。第二种情况是窖池管理不善，窖皮裂口，出窖酒糟霉烂，杂菌滋生并大量繁殖，也会给黄浆水带来苦味，同时在一定程度上出现霉味。这种出窖酒糟酒质差，产量低。

（3）黄浆水呈甜味 一般情况下这种黄浆水较酽，黏性大，以甜味为主，酸涩味少。这种情况是入窖出窖酒糟淀粉糖化后发酵不彻底，使一部分可发酵性糖残留在出窖酒糟和黄浆水中所致。另外，若粮食未蒸好，造成糖化、发酵不良，也会使黄浆水带甜味。这种情况一般出酒率都较低。

（4）黄浆水呈馊味 一般情况是车间清洁卫生没做好，把晾堂上残余的出窖酒糟扫入窖内或有的车间用冷水冲洗晾堂后，把残留的糟醅也扫入窖内，造成杂菌大量感染，也会引起馊味。另外，量水温度过低特别是冷水，使水分不能充分被粮食吸收，造成发酵不好。这种出窖酒糟的产酒和质量很差。

（5）黄浆水呈涩味 发酵正常出窖酒糟的黄浆水，应有明显的涩味，酸味适中，不带甜味。这种出窖酒糟产、质量都较好。

对出窖酒糟和黄浆水进行感官鉴定，从而对出窖酒糟的发酵情况进行判断，然后指导生产，这是一个快速、简便而有效的方法，在生产实践中起着重要的作用。

6. 续糟配料的作用

（1）调节糟醅酸度，使入窖糟醅的酸度在适宜的范围内，既满足发酵所需酸，又抑制杂菌的生长。

（2）调节入窖粮糟的淀粉含量，使窖内升温在所需的范围内，并满足"前缓、中挺、后缓落"的发酵原理。为了更好地达到目的，应根据不同季节，在规定范围内调节比例。

（3）降低了糟醅的水分，再补充新鲜的水分，以促进发酵过程中微生物的新陈代谢，增加糟醅的活力。

（4）续糟的酸度有利于原料淀粉的糊化和糖化。

7. 如何做到准确配料

（1）投粮量与粮糟比例 投粮量应根据工艺特点、甑桶容积、发酵期长短、粮粉的粗细和酒质的要求来确定，一般为 1∶（3.5~5），以 1∶4.5 较适合。入窖出窖酒糟从感官上看，要符合"疏而不糙，柔而不腻"的要求，同时入窖出窖酒糟的淀粉浓度要控制在 18%~22%。

粮醅比还要考虑生产季节、糟醅发酵情况等因素。残余淀粉过高或淡季生产时，要适当调整粮醅比。

（2）加糠量　糠壳是酿酒生产上重要的填充疏松辅料，在固态法生产白酒中离不开它。适当的糠壳用量可调整淀粉浓度，稀释酸度，利于糟醅升温发酵，利于保水、保酒精，同时可以提高蒸馏效率。但糠壳有糠杂味，因此在生产中要控制好糠壳的用量。

①正确使用糠壳的原则如下。

热减冷加的原则：一年中，1~4月为20%~22%（与投粮比，下同）；5~8月（热季）为17%~20%；9~12月加糠量为21%~23%。

热减冷加的理由是经过热季的出窖糟醅一般酸度比较高，转排后应加糠降酸，由于残余淀粉也比较高，要增加糠提高疏松度，增强糟醅的骨力。

根据出窖酒糟的残余淀粉高低确定用糠量，若残余淀粉高，多用糠；反之，则少用。

根据糟醅含水量的大小（或水量多少）确定用糠量的原则，若糟醅含水量大（超过62%），则应该多使用糠壳；反之，则少用。

根据粉碎原料的粗细确定用糠量的原则，如果粗了，则少使用糠；反之，则多用糠。为了让用糠量比较稳定，不因粮粉粉碎的粗细度影响太大，则要求原料的粉碎要做到稳定。

底糟适当多用糠，上层糟适当少用糠。

根据出窖糟醅酸度的大小确定用糠量，在这段时间内，酸度大的糟醅要多用糠；反之，少用。一般说来，增加3%的用糠量可降低0.1的酸度。在糟醅残余淀粉高、酸度又大时，可采用加糠的办法，以达到降酸和稀释淀粉的双重目的。

②在生产中使用糠壳应注意的几个问题如下。

注意糠壳的质量：糠壳应新鲜、无霉烂、未变质。糠壳的粗细度以4~6瓣开为标准。

注意"熟糠配料"的问题：糠壳在使用时，必须经过清蒸，通过清蒸减少异杂味带入酒中。

③注意糠壳体积与质量的关系问题。

8. 出窖酒糟理化指标范围

出窖酒糟理化指标见表1-11。

表1-11　　　　　　　　出窖酒糟理化指标

项目	水　分			酸　度		
	上层	中层	下层	上层	中层	下层
冷季	57%~58%	59%~60%	60%~61%	2.5~3.0	3.0~3.5	3.5~4.0
热季	57%~58%	59%~60%	60%~61%	3.0~3.5	3.5~4.0	<4.5

续表

项目	淀粉			残糖		
	上层	中层	下层	上层	中层	下层
冷季	11%~11.5%	10%~11%	9%~10%	≤0.5%	≤0.7%	≤1.0%
热季	10%~10.5%	9%~10%	9%左右	≤0.5%	≤0.5%	≤0.5%

9. 黄水

黄水是发酵后产生的黄色液体，北方称为黄浆水，应通过滴窖，把黄水舀出来。滴窖在酿酒生产上可以降低出窖酒糟中的酸度（特别是可以降低乳酸和乳酸乙酯等水溶性不挥发性酸的含量，相应地增加酒中己酸乙酯等挥发性酸的含量），减少一些水分和不利于发酵的物质，可以在配料上减少糠壳用量，利于蒸馏，利于加进新鲜水分。所以滴窖是工艺中一个重要的技术措施，它能达到均衡生产的目的，不要忽视。

黄水的作用如下。

（1）一定数量的黄水可以抑制杂菌的生长，避免糟醅出现倒烧现象。

（2）黄水酸大，有助于酯化。

（3）为窖泥微生物提供丰富的营养物质。黄水中含有的酸、酯、醇、醛、蛋白质、糖等都是窖泥微生物所需的良好营养成分。因此，黄水可加速窖泥老熟，从而提高酒质。

三、实践操作

【步骤一】生产准备

（1）按生产车间各班组下达的粮食数量，报粉碎车间。粉碎车间根据粮食的数量，根据这几种粮食的粉碎度，进行粉碎，并按粮食配方比例组合好，并称重按袋分装打包，运至生产车间各班组。

（2）运至生产车间的粮食，按班组和粮食种类和重量不同分别堆码好，要求班组进行核实数量备生产使用。

（3）糠壳　按照车间各班组的要求数量，运至生产车间堆好，备生产使用，但糠壳必须通过清蒸处理后，成为熟（冷）糠方可使用。

（4）设备和场地准备

①把粉碎场地和器具打扫干净；将车间四周打扫干净；把粉碎机打扫干净，为原料粉碎做好准备。

②打扫干净糠壳清蒸池子或甑子，并打扫干净清蒸后出糠摊晾和收堆的场地。

③打扫好酿造生产的场地卫生和器具卫生；打扫干净酒甑和冷凝器放好

自来水；掺好底锅水和倒好黄水、酒尾等；打扫干净酒厄子、接酒瓢和酒杯，为蒸馏接酒和摘酒做好准备；打扫干净车间四周的卫生，为酿造生产做好准备。

【步骤二】 开窖

（1）用耙梳将窖皮泥挖成块状（大致是 20cm²）。

（2）用手将粘在窖皮泥上的糟醅尽量除尽。

（3）将窖皮泥装入泥斗中运回泥塘，待下次封窖使用。

【步骤三】 起糟

1. 起丢糟

将丢糟起运到堆糟坝堆放，尽量堆高一点，要拍紧拍光，撒上一层熟冷糠，以免酒精挥发。丢糟必须与其他层次出窖酒糟严格分开，并起完丢糟要将干道和窖池四周打扫干净。

2. 起上层或中层出窖酒糟

在起出窖酒糟之前，要将堆糟坝打扫干净，以免出窖酒糟受到污染。根据该窖红糟甑口量，一般是窖帽部分的出窖酒糟是红糟，进行排好堆放，并撒上一层熟冷糠。再分层起出窖酒糟，并在摊场分堆进行堆放，为粮食拌和做好准备。待起糟至见黄水时，就停止起糟。要将窖池周围和干道掉落的糟醅和糟醅堆的卫生打扫好。起糟中要注意每甑必须起平，同时不要伤害窖壁。

3. 打黄水坑、滴窖

当出窖酒糟起至被黄水淹至处时，开始在出窖酒糟的中间或一端打黄水坑，用于滴窖。打黄水坑的出窖酒糟往两边朝窖壁堆积。黄水坑的宽度比低于50cm 宽。滴窖时间不少于 12h。黄水坑中的黄水要及时舀，便于继续滴窖。滴窖使出窖酒糟的水分保持在 60% 左右。滴窖时间要适当，不宜过长或过短，否则要影响糟醅的质量。

4. 起下层出窖酒糟

滴窖 10h 左右后，根据出窖酒糟的干湿度，一般水分在 60%，即可起下层出窖酒糟。起糟时不要伤到窖壁使窖池泥脱落。下层出窖酒糟起到堆糟坝后，要注意分层堆放，这样全窖的水分、酸度、淀粉的含量就较为均衡。出窖酒糟起完后，窖池内外要清扫干净，并将糟醅堆团好，拍紧，撒上薄层熟冷糠，防酒精挥发。

【步骤四】 开窖鉴定

在开窖和滴窖期间，班组长召集班组技术骨干，对出窖酒糟、黄水和粮食粉碎度判定，决定当天的配料和操作方案。然后班组长要监督落实，根据做的具体情况，进行及时的调整，达到一个合理的配料，为出窖酒糟发酵创造好的条件。

【步骤五】续糟配料

浓香型大曲酒的配料，采用的是续糟配料。即在发酵好的糟醅中投入原辅料，进行混蒸混烧，蒸馏取酒、出甑、打量水、摊晾下曲和入窖发酵的操作方法。由于每轮都是这样的操作，糟醅循环使用，投料混蒸混烧，连续、循环使用，故工艺上称为续糟配料。

每甑投入多少原料，要根据甑桶的容积和季节来定。即要按一定粮、糟（醅）比例，投入的淀粉要适宜，不能过大或过小。比较科学的粮糟比例，一般是 $1:(3.5~5)$，即以 $1:4.5$ 为宜。

辅料的使用量要根据投入的原料情况而定。正常的辅料用量为原料量的 $18\%~24\%$。当然，糠壳的粗细也与用糠量也有一定的关系，可根据糠壳的粗细做适当的比例调整。

工作记录

工作岗位：　　　　　　　　项目组成员：　　　　　　　　指导教师：

项目编号		项目名称	
任务编号		任务名称	
生产日期		气温/湿度	
工作要求			

开工前检查

场地和设备名称	是否合格	不合格原因	整改措施	检查人
堆糟坝				
吊斗				
行车				
铲				
耙梳				
排风装置				
抽黄水装置				
接装黄水容器				
复核人：　　　年　月　日		审核（指导教师）：　　　　　　年　月　日		

出窖酒糟鉴定

判断项目	色泽		香气		口感	理化		
	颜色深浅	油浸否	酒香	酯香（窖香）	酸涩感	水分	酸度	淀粉
上层糟								
中层糟								
下层糟								
双轮底糟								
复核人： 年 月 日			审核（指导教师）： 年 月 日					

黄水判断

判断项目	颜色深浅	是否浑浊	口感	起排现象
判断结果				

工作过程记录

操作步骤	开始/结束时间	操作记录	偏差与处理	操作人/复核人
生产准备				
开窖				
起糟				
开窖鉴定				
场地清理				
设备维护				

成果记录

产品名称	感官分析	理化分析	上排发酵判断	本轮处理措施
上层糟				
中层糟				
下层糟				
双轮底糟				
复核人： 年 月 日		审核（指导教师）： 年 月 日		

四、工作笔记

1. 五种粮食原料分别对浓香型白酒起到什么作用？

_____

_____

_____

_____

2. 为什么要分层起糟和分层堆糟？

_____

_____

_____

_____

3. 黄水和出窖酒糟的判定，应从哪几个方面进行判断？

_____

_____

_____

_____

4. 本项目碳排放数据收集，包括涉及的步骤和降耗降碳措施的探讨。

_____

_____

_____

_____

五、检查评估

（一）在线测验

模块一项目二测试题

请填写测验题答案：

_____

_____

_____

_____

（二）项目考核

1. 按照附录白酒酿造工国家职业技能标准（2019 年版）技能要求考核。

2. 依据工作记录各项目组进行互评。

3. 各项目组成果记录表图片和出窖酒糟照片上传到中国大学 MOOC，由指导教师评价。

六、传承与创新

（一）浓香型大曲酒三种不同工艺类型分析

浓香型大曲酒历史悠久，是我国特有的传统产品，以其独特的风格享誉世界。在工艺上，浓香型白酒有着自身的特点，但在具体操作上，又有所不同，总体来说可归纳为三大类：以四川酒为代表的原窖法和跑窖法工艺类型，以苏、鲁、皖、豫一带为代表的老五甑法工艺类型。现对上述三种工艺类型简单介绍如下。

1. 原窖法工艺

原窖法生产工艺，又称原窖分层堆糟法。采用该工艺的有泸州老窖、成都全兴大曲酒等。

该方法是将本窖的发酵出窖酒糟，加入原辅料经过混蒸混烧，蒸馏取酒，摊晾下曲后，仍入该窖进行发酵的生产工艺。在整个过程必须严格按照分层起糟、分层堆糟、分层入窖的原则进行，不能互混。如果不进行分层堆糟，以后对酒质的影响较大，且达不到万年糟的目的。

原窖法工艺的优缺点：

（1）入窖糟醅的质量基本一致，甑与甑之间产酒质量比较稳定。

（2）对于用糠和配水等配料，每甑有一定的规律，对于入窖酸度、淀粉含量较易掌握。

（3）便于微生物的驯养和发酵。

（4）便于"丢面留底"措施。

（5）便于经验和教训的总结。

（6）劳动强度大，酒精挥发大。

2. 跑窖法工艺

跑窖法工艺又称跑窖分层蒸馏法工艺。该工艺方法以四川宜宾五粮液最为著名。

所谓"跑窖"，就是预先准备一口空窖，然后把另一个窖内的糟醅按层次取出，续糟配料，混蒸混烧，蒸馏取酒，摊晾下曲后分层入窖到预先准备的空窖中，依次循环的方法。一直如此，依次类推的方法称为跑窖法。随着生产工艺的不断演化，现在有些地方的酒厂，如宜宾的部分厂把"跑窖法"和"原窖法"进行结合，使底层糟醅回原窖，中上层糟醅进行跑窖。这也是工艺不断创新的结果。

跑窖法工艺的优缺点：

(1) 有利于对出窖酒糟酸度进行调整和提高酒质。

(2) 劳动强度相对小，酒精挥发损失小。

(3) 有利于分层蒸馏、量质摘酒、分级并坛等提高酒质的措施。

(4) 该工艺配料、配糠、量水用量不稳定，也不一致，无规律。

(5) 不利于培养糟醅。该方法比较适应发酵周期长的窖池。

(6) 出窖酒糟是其他窖池的，变化较大，对技术难度要求高点，要克服入窖水分不稳定的情况。

3. 老五甑法工艺

将窖中已经发酵的糟醅分成五次蒸酒和配醅的生产方法。在正常情况下，窖内有四甑酒醅，即大楂、二楂、小楂和回糟各一甑。出窖后加入新原料，分成五甑进行蒸馏。其中四甑入窖发酵，拿一甑糟醅取完酒后作丢糟。原料经粉碎和辅料经清蒸后进行配料，将原料按比例分配给大楂、二楂和小楂中。回糟为上排的小楂，不加新料，经发酵、蒸馏取酒后作为丢糟。各甑发酵材料经蒸馏出白酒基酒，入库贮存。

老五甑法工艺的特点：

(1) 窖容量小，糟醅与窖池接触面积大，对糟醅的养护较好，有利于酒质的提高。

(2) 劳动生产率高。因窖池小，甑桶大，投粮量多，入窖淀粉含量高，所以产量大。

(3) 该法的原料粉碎相对较粗，辅料用量小。

(4) 此法操作上还有一个明显的特点，即不打黄水坑，不滴窖。

(5) 出窖糟醅水分较大，拌和前出窖糟醅（大楂、二楂）水分达到了62%左右，拌和后，水分有53%左右，不利于己酸乙酯等醇溶性香味成分的提取，而乳酸乙酯等水溶性香味成分易于馏出，对浓香型"增己降乳"影响较大，要注意这个问题。

（6）老五甑操作法是一天起蒸一个窖，便于班组管理，若生产出问题容易查找原因，责任比较明确。

通过对三种工艺操作方法的分析，它们各自有优缺点，要根据实际的情况，扬长避短。

三种工艺操作法各自特点为：第1、2种方法窖大甑小，残淀低，发酵周期长；第3种方法则窖小甑大，淀粉含量高，发酵周期短，水分大，不滴窖。两法将面糟（红糟）集中在一个窖内发酵，该窖称为回醅窖或挤醅窖，不像其他两法将面糟放在本窖的上面或底部。

（二）异常出窖酒糟原因分析及关键技术研讨

1. 出窖糟黑硬

现象：糟醅黑硬，伴随糟醅发干缺水、残淀高，产酒少且有明显异杂味和霉味，黄水黑清带酱油色。

原因：上排用糠量过大，量水和糊化不够。造成保水差，水下沉快，有氧条件下霉菌大量繁殖，糟变黑。

解决办法：减糠、加强蒸煮。

2. 糟醅色黄、残淀高、黄水现白

现象：常出现在冬季，黄水现白、缺少酒味和窖香味，味淡微有甜感。

原因：上排入窖温度低、糊化不好，发酵不足。

解决办法：因上排残淀高，故本轮就容易糊化，故应减少投粮，适当减少用糠，蒸煮适度，防止过度糊化。

3. 糟醅腻、滴窖困难

原因：上排用糟量大和用水量过大，用糠少，糟醅活力差，造成重力作用下下层糟压得过紧缺氧，造成发酵困难，黄水停留中层过多。

解决办法：加强滴窖，适当加大用糠量，根据酸度情况适当增加用曲量。

4. 糟醅呈酱色

原因：热季出现较多。原因是入窖温度过高、用曲过大、用糠过大，造成发酵过快升温过猛，导致糟醅色深带酱色且干燥，黄水黑清、酸度大且少泛不挂排。

解决办法：增加投粮，补充淀粉，减少用曲。

5. 糟醅色深、有倒烧味、糟醅硬干

原因：上排用水不足，用糠偏大或踩窖不紧，造成窖内霉菌繁殖过旺。黄水深褐色，口尝酸度大伴有苦味和邪杂味（霉味等）。

解决办法：减少投粮，适当增大量水，根据温度适度加强踩窖减少空气。

6. 糟醅发软、少骨力

原因：上排用糠量过少，用水偏大，致使中下层糟处于黄水浸泡中，骨力

差，糟见风变黑。夏季易出现，因气温高，细菌繁殖快产酸大，酵母活性不足，黄水黑清酸度高，产酒少质量差。

解决办法：增加投粮和糠，视温度减少用曲量，减少润粮时间和蒸粮时间。

7. 糟醅明显粮食颗粒、淀粉含量高

原因：上排润粮不好，蒸粮不够，或投粮过大难糊化，糖化困难，发酵不足，产酒少。黄水显白酸度低，有时有甜味，手感涩而不滑。

解决办法：减少投粮，适度糊化。

8. 糟醅有馊味

原因：入窖糟不卫生，杂菌多，量水温不够（未达85度以上），热季摊晾时间过长，黄水有馊味，产酒质量差。

解决办法：注意卫生，器具扫下的糟要回甑生蒸，量水升温达沸点。

9. 颜色浅黄、淀粉高

伴随出窖糟酸度低、滴不出黄水、残淀高。

原因：入窖温度过低。

解决办法：提高入窖温度，最好不低于15℃。

课程资源

开窖起糟（酒糟和黄水鉴定）　　发酵结果分析　　用化验数据指导生产

决定白酒品质的要素分析　　酒糟分析生产案例　　大国工匠——范国琼　　探究优质白酒微生物

项目三　上甑与蒸馏接酒

一、任务分析

本任务是通过拌和粮食和辅料，续糟配料，再上甑蒸馏，达到蒸馏接酒和蒸粮的目的。针对本任务的完成，具体主要是做好以下的工作：

（1）拌和粮食、润粮操作。

（2）上甑操作及蒸馏和量质摘酒并坛。

（3）蒸粮出甑。

（4）掌握关键技术：合理润粮、上甑要领、量质摘酒、蒸粮糊化度判断。

二、知识学习

（一）线上预习

请扫描二维码学习以下内容：

上甑蒸馏摘酒　　　　拌粮拌糠　　　　上甑操作视频

上甑操作动画演示　　　蒸粮操作　　　大国工匠——沈才洪

（二）重点知识

1. 润料原理

进行润料的目的，是粮食的淀粉颗粒吸水膨胀，为下一步的蒸煮糊化创造条件。同时续糟配料，又使粮食在糟醅酸的作用下，更有利于淀粉颗粒吸水或酸膨胀，这样使糟醅和粮食基本上融为一体，为粮食的糊化提供好的条件。

2. 拌和及润粮要求

（1）拌和粮食要求拌和均匀，拌和后无灰包结块、杜绝白粉子。

（2）拌和糠壳要求拌和均匀，糠壳无堆、团现象。

（3）润粮要求粮粉转色。

3. 润粮的处理方式

为了达到较好的蒸粮效果，粮食要进行处理，但是因出窖酒糟发酵情况不一样，在润粮上有多种方式仅供参考，最终的目的是达到较好的蒸粮效果。

（1）单独润粮 即出窖酒糟单独打润粮水进行润粮，待粮粉转色后，再与出窖酒糟进行拌和。一般出窖酒糟酸度较低，蒸粮时间较长，出窖酒糟显腻，出窖酒糟发酵后水分较低，可以采取该方式。单独润粮一般在热季打冷水润粮，冬季润粮水温一般在40~50℃。

（2）不进行单独润粮 即出窖酒糟直接与糟醅进行拌和，进行团堆润粮。一般情况采取的都是这种润粮方式。在这种情况下，可以根据出窖酒糟水分大小，打适量的冷水在出窖酒糟中进行润粮（一般不打）。

4. 甑桶蒸馏原理

（1）甑桶蒸馏原理 可以认为甑桶蒸馏是一个特殊的填料塔，一种通过逐层上糟醅从而形成多层类似蒸馏塔板的特殊的蒸馏浓缩设备。糟醅中含有一定水分、酒精和多种微量香味成分，通过工人的轻撒匀铺形成很多层填料塔层。在蒸汽不断加热的情况下，甑内每个塔层酒醅料温度不断升高，下层料层可挥发组分的浓度逐渐减小，上层料层的可挥发组分浓度不断提高。使糟醅中的酒精和香味成分经过汽化→冷凝→汽化→冷凝→汽化，而达到多组分浓缩、提取的目的。少量难挥发成分也同时随着蒸汽的拖带进入酒中。

（2）甑桶蒸馏的作用

①将含约4% vol 的糟醅通过蒸馏成含55% ~75% vol 的高度白酒。在混蒸混烧工艺中，蒸酒的同时还可将新投粮食糊化。

②将发酵酒醅中数量众多的微量香味物质，有效地浓缩提取到成品酒中。

③存在于发酵酒醅中的某些微生物代谢产物，在蒸馏过程中进一步起化学反应，产生新的物质，即通常称为蒸馏热变作用。

④对发酵酒醅进行消毒杀菌，用于下排入窖配料。

5. 上甑要求

轻撒匀铺、探汽上甑、边高中低、无穿烟跑汽现象。

6. 分段摘酒

一甑糟醅在蒸馏过程中，大致分为以下四个不同的馏分段。

第一馏分段：流酒后，最初馏出的0.5kg作为酒头另装，该段酒中低沸点的物质和醛类物质居多，总酯含量较高，作酒头另用。

第二馏分段：在流酒以后10~15min内馏出的酒其酒精浓度为67%~72%，约占总量的1/3。其特点是酒精浓度高，总酯含量较高；口感尝评香气浓而纯正，诸味协调。

第三馏分段：是第二段流酒后的5~10min内馏出的部分，其酒精浓度在60%~67%。其特点是酒精浓度明显下降；口感有香气，但不浓、不香，味寡淡，酸含量上升。

第四馏分段：该段酒的酒精浓度在50%~60%，可作为细花处理。酒精浓度低于50%的作酒尾处理。

对于半成品，要求浓度高，酒质好，故一般摘取第一、二馏段的酒，用坛另装。其余部分的酒，也另装坛。酒尾回底锅进行重蒸。

这种按不同馏分分段摘取酒的方法，工艺上称为量质摘酒或分段摘酒。在浓香型大曲酒中，要把一甑的最优酒进行单独存放，提高优质品率和合格率。

7. 酒花与酒精含量的关系

在大部分酒厂蒸馏时，看花可分为下列5种，经实际测定，其相应的酒精浓度及酒气冷却前的温度如下。

（1）大清花　花大如黄豆，整齐一致，清亮透明，消失极快。酒精浓度在65%～82%，以76.5%～82%时最为明显。酒气相温度为80～83℃。

（2）小清花　酒花大如绿豆，清亮透明，消失速度慢于大清花。酒精浓度在58%～63%，以58%～59%最为明显。酒气相温度为90℃。小清花之后馏分是酒尾部分。至小清花为止的摘酒方法称为过花摘酒。

（3）云花　花大如米粒，互相重叠（可重叠二、三层，厚近1cm），布满液面，存留时间较久，约2s。酒精浓度在46%时最明显。

（4）二花　又称小花，形似云花，大小不一。大者如大米，小者如小米，存留液面时间与云花相似，酒精浓度为10%～20%。

（5）油花　花大如1/4小米粒，布满液面，呈油珠，酒精浓度为4%～5%时最为明显。酒花的变化也可反映装甑技术的优劣。

8. 缓慢蒸馏与大汽蒸馏对浓香型白酒质量的影响

取同一个酒窖出窖的酒醅，对两甑酒醅混拌均匀后分成两甑材料。第1甑按正常蒸汽压力蒸馏，流酒速度控制在5.6～8.6kg/min，第2甑缓火蒸馏，流酒速度控制在2.5～3kg/min。每甑均接前馏分30kg，结果见表1-12。

表1-12　　　　缓慢蒸馏与大汽蒸馏呈味物质含量对比　　　　单位：g/L

呈味物质	大汽蒸馏流速5.6～8.6kg/min，每甑接酒30kg（5次平均值）	缓火蒸馏流速2.5～3.0kg/min，每甑接酒30kg（5次平均值）
乙醛	0.575	0.685
甲醇	—	—
乙酸乙酯	3.271	3089
正丙醇	0.542	0.482
仲丁醇	0.304	0.111
乙缩醛	2.163	1.902

续表

呈味物质	大汽蒸馏流速 5.6~8.6kg/min，每甑接酒 30kg（5 次平均值）	缓火蒸馏流速 2.5~3.0kg/min，每甑接酒 30kg（5 次平均值）
异丁醇	0.367	0.544
正丁醇	0.720	0.586
丁酸乙酯	0.683	0.610
异戊醇	0.649	0.524
乳酸乙酯	3.107	2.138
正己醇	0.062	0.070
己酸乙酯	2.664	3.217

注：均折算为酒精度 60%。

其中一次为第 1 甑大汽蒸馏，流酒速度为 8.6kg/min，己酸乙酯含量为 2.146g/L；第 2 甑缓火蒸馏，流酒速度为 2.9kg/min，己酸乙酯为 3.51g/L。从表 1-12 还可见，缓火蒸馏的乳酸乙酯与己酸乙酯的比例较合适，为 0.66：1，口感甘洌爽口；而大汽蒸馏的乳酸乙酯：己酸乙酯为 1.17：1，口感发闷，放香不足。实验证实了缓火蒸馏的重要性。

慢火与快火蒸馏对高级脂肪酸乙酯含量的影响见表 1-13。

表 1-13　　　三种高级脂肪酸乙酯含量在不同蒸馏操作中的变化

单位：mg/100mL

蒸馏方式	组分	时间/min							
		0	5	10	15	20	25	30	合计
快火蒸馏	棕榈酸乙酯	14.16	1.44	2.13	3.54	84.50	—	—	105.77
	油酸乙酯	6.53	0.38	0.63	1.35	38.50	—	—	47.39
	亚油酸乙酯	16.00	1.04	1.48	2.94	84.03	—	—	105.97
慢火蒸馏	棕榈酸乙酯	12.00	0.52	0.41	0.54	1.37	2.23	34.63	52.41
	油酸乙酯	6.13	—	—	—	0.41	0.67	12.76	19.97
	亚油酸乙酯	14.12	—	—	—	1.06	1.62	35.03	51.83

从低度酒生产角度看，慢火比快火蒸馏更好。

9. 蒸煮的目的

（1）蒸煮时淀粉颗粒进一步吸水、膨胀、破裂、糊化，以利于淀粉酶的作用。

（2）蒸煮可将其他微生物杀死，防止产生霉菌等有害菌，同时蒸熟后的粮食有利于酒曲发酵。

10. 蒸煮过程中物质变化

（1）碳水化合物的变化

①淀粉在蒸煮时的变化

A. 物理化学变化

淀粉膨胀：淀粉是亲水胶体，遇水时，水分子因渗透压的作用而渗入淀粉颗粒内部，使淀粉颗粒的体积和质量增加，这种现象称为淀粉的膨胀。

淀粉的糊化：当温度达到70℃左右、淀粉颗粒已膨胀到原体积的50~100倍时，分子间的联系已被削弱而引起淀粉颗粒之间的解体，形成均一的黏稠体。这时的温度称为糊化温度。这种淀粉颗粒无限膨胀的现象，称为糊化，或称淀粉的 α-化或凝胶化，使淀粉具有黏性及弹性。

液化：这里的"液化"概念，与由 α-淀粉酶作用于淀粉而使黏度骤然降低的"液化"含义不同。当淀粉糊化后，若品温继续升至130℃左右时，由于支链淀粉已几乎全部溶解，网状结构完全被破坏，故淀粉溶液成为黏度较低的易流动的醪液，这种现象称为液化或溶解。

熟淀粉的返生：经糊化或液化后的淀粉醪液，绝不同于用酸水解所得的可溶性淀粉溶液。当其冷却至60℃时，会变得很黏稠；温度低于55℃时，则变为胶凝体，不能与糖化剂混合。若再进行长时间的自然缓慢冷却，则会重新形成结晶体。若原料经固态蒸煮后，将其长时间放置、自然冷却而失水，则原来已经被 α-化的 α-淀粉，又会回到原来的 β-淀粉状。

B. 生化变化：白酒的制曲及制酒原料中，也大多含有淀粉酶系。当原料蒸煮的温度升到50~60℃时，这些酶被活化，将淀粉分解为糊精和糖，这种现象称为"自糖化"。

②糖的变化

A. 己糖的变化：多为有机化学反应。

部分葡萄糖等醛糖会变成果糖等酮糖。

葡萄糖和果糖等己糖，在高压蒸煮过程中可脱水生成5-羟甲基糠醛，它很不稳定，会进一步分解成2-羰基戊酸及甲酸。

B. 美拉德反应：又称氨基糖反应。即己糖或戊糖在高温下可与氨基酸等低分子含氮物反应生成氨基糖，或称类黑精、类黑素，这是一种呈棕褐色的无定形物质。它不溶于水或中性溶剂，但能部分溶于碱液。因其化学组成类似于天然腐殖质，故也称为人工腐殖质。

C. 焦糖的变化：当原料的蒸煮温度接近糖的熔化温度时，糖会失水而变成黑色的无定形产物，称为焦糖。糖类中，果糖较易焦化，因其熔化温度为95~105℃；葡萄糖的熔化温度为144~146℃。焦糖的生成，不但使糖分损失，且焦糖也影响糖化酶及酵母的活力。蒸煮温度越高、醪的糖度越大，则焦糖生成量越多。焦糖化往往发生于蒸煮锅的死角及锅壁的局部过热处。在生产中，为了降低类黑精及焦糖的生成量，应掌握好原料加水比、蒸煮温度及 pH 等各项蒸煮条件。

D. 纤维素变化：纤维素是细胞壁的主要成分。蒸煮温度在 160℃ 以下，pH 为 5.8~6.3，其化学结构不发生变化，而只是吸水膨胀。

E. 半纤维素的变化：半纤维素的成分大多为聚戊糖及少量多聚己糖。当原料与酸性酒醅混蒸时，在高温条件下，聚戊糖会部分分解为木糖和阿拉伯糖，并均能继续分解为糠醛。这些产物都不能被酵母所利用。多聚己糖则部分地分解为糊精和葡萄糖。半纤维素也存在于粮谷的细胞壁中，故半纤维素的部分水解，也可使细胞壁部分损伤。

（2）含氮物、脂肪及果胶的变化

①含氮物的变化：原料蒸煮时，品温在 140℃ 以前，因蛋白质发生凝固及部分变性，故可溶性含氮量有所下降；当温度升至 140~158℃ 时，则可溶性含氮量会增加，因为那时发生了胶溶作用。整粒原料的常压蒸煮，实际分为两个阶段。前期是蒸汽通过原料层，在颗粒表面结露成凝缩水；后期是凝缩水向米粒内部渗透，主要作用是使淀粉糊化及蛋白质变性。只有在以液态发酵法生产白酒的原料高压蒸煮时，才有可能产生蛋白质的部分胶溶作用。在高压蒸煮整粒谷物时，有 20%~50% 的谷蛋白进入溶液；若为粉碎的原料，则比例会更大些。

②脂肪的变化：脂肪在原料蒸煮中的变化很小，即使是 140~158℃ 的高温，也不能使甘油酯充分分解。据研究，在液态发酵法的原料高压蒸煮中，也只有 5%~10% 的脂类物质发生变化。

③果胶的变化：果胶由多聚半乳糖醛酸或半乳糖醛酸的甲酯化合物所组成。果胶质是原料细胞壁的组成部分，也是细胞间的填充剂。果胶质中含有许多甲氧剂（$R \cdot COOCH_3$），在蒸煮时果胶质水解，甲氧基会从果胶质中分离出来，生成甲醇和果胶酸。原料中果胶质的含量，因其品种而异。通常薯类中的果胶质含量高于谷物原料。温度越高，时间越长，由果胶质生成甲醇的量越多。

（3）其他物质变化　蒸料过程中，还有很多微量成分会分解、生成或挥发。例如由于含磷化合物分解出磷酸，以及水解等作用生成一些有机酸，故使酸度增高。若大米的蒸饭时间较长，则不饱和脂肪酸减少得多；而醋酸异戊酯等酯类成分却增加。据分析，饭香中有 114 种成分，其中 38 种是挥发性的。

饭香中还检出 α-吡咯烷酮。米粒的外层成分对饭香的生成具有重要的作用。

三、实践操作

【步骤一】润料、拌和

（1）拌和粮食前解开粮粉口袋检查粮粉是否霉烂、变质等。

（2）按规定要求投粮，将粮粉倒糟醅堆上。

（3）1h 前进行拌和［根据出窖酒糟干湿情况，拌料时可适当加入冷水（宜少），也可不加冷水］。

（4）拌和时一人挖耙梳、两人用铁锨同时对翻，拌和 2 次，拌一次用叉扫清扫结块一次。

（5）拌匀后，堆积。

（6）上甑 5~10min 以前将糠壳按规定将定量糠笋量取倒入糟醅堆上。

（7）拌和时一人挖耙梳、两人用铁锨同时对翻。

【步骤二】上甑

（1）在拌和操作中，除拌和粮糟外，还要拌和红糟（下排是丢糟），红糟拌和加糠壳就是不加原料。在上甑 10min 前加糠壳拌匀。红糟的用糠量视红糟水分大小来定。拌和要 2 次以上，要求充分拌匀，无结块。拌和完毕，立即收拢拍光，清扫场地。

（2）若需重蒸酒尾，则先将酒尾（黄水）倒入底锅水中。

（3）将活动甑底关好，然后安入归位，安稳、安平。

（4）上甑时将熟（冷）糠铺满甑底（1~2cm）后，开启加热蒸汽。

（5）继续探汽上甑，快上满甑时关小气门。

（6）满甑后用木刮将甑内糟醅刮成"中低边高"。

（7）刮后蒸汽距界面 1~2cm 时盖盘。

（8）接上过汽弯管。

（9）掺满甑沿、弯管两接头处管口的密封水。

（10）上甑操作要求做到调整气压，使上甑时间控制为 35~40min；盖盘后 5min 内必须流酒。

【步骤三】蒸馏摘酒

（1）在盖盘 5min 内，酒精蒸气经冷凝而流出酒来。流酒时，要调整好气压，做到"缓火流酒"，流酒速度以 3~4kg/min 为宜。

（2）刚流出来的酒，称为酒头。因酒头含有低沸点的物质多，如硫化氢、醛类等，故一般应除去酒头 0.25~0.5kg，贮存另作他用。流酒温度一般要求在 27~30℃，称为"中温流酒"。

（3）摘酒在流酒时，随着蒸馏时间延长和温度不断升高，酒精浓度逐渐降低。按照要求把中、高浓度的酒（酒精一般在 65% 以上）进行入库。不够浓度的酒作酒尾处理。

（4）摘酒方法一般是"断花"摘酒。"花"是指水、酒精由于表面张力的作用而溅起的泡沫，通常称为"水花""酒花"等。在操作上，工人根据水花和酒花消散的速度来鉴别摘取的酒精度，工艺上称为"断花摘酒"。

【步骤四】蒸粮

浓香型大曲酒生产采用续糟配料、混蒸混烧工艺，在接完酒尾后，应加大火力进行蒸粮，以达到淀粉糊化和降低酸度的目的。在正常火力下，蒸粮时间从流酒开始到出甑时止，以 60min 为宜。蒸粮合格标准应是"内无生心，熟而不黏"，既熟透，又不起结块。

工作记录

工作岗位：　　　　　　　项目组成员：　　　　　　　指导教师：

项目编号		项目名称	
任务编号		任务名称	
生产日期		气温/湿度	
产量要求			
产品质量要求			

开工前检查

场地和设备名称	是否合格	不合格原因	整改措施	检查人
底锅				
酒甑				
冷凝器				
酒厄子				
接酒瓢				
量水桶				
蒸汽压表				
蒸汽阀门				
热水箱				
复核人：　　年　月　日		审核（指导教师）：　　　　　年　月　日		

物料领取

名称	规格	单位	数量	单价	领取人
粮食					
熟糠壳					
复核人：		年　月　日	审核（指导教师）：	年　月　日	

工作过程记录

操作步骤	开始/结束时间	操作记录	偏差与处理	操作人/复核人
润料、拌和				
上甑				
蒸馏摘酒				
蒸粮				
场地清理				
设备维护				

成果记录

产品名称	数量 kg/酒精度%vol	感官特点	理化指标	产品估值/元
特级酒				
优级酒				
一级酒				
二级酒				
复核人：		年　月　日	审核（指导教师）：	年　月　日

四、工作笔记

1. 分段摘酒的目的是什么？

_____

_____

_____

2. 甑桶蒸馏的原理是什么？

_____

_____

_____

_____

3. 为什么粮食要蒸到"内无生心，熟而不粘"？

_____

_____

_____

_____

4. 本项目碳排放数据收集，包括涉及的步骤和降耗降碳措施的探讨。

_____

_____

_____

_____

五、检查评估

（一）在线测验

模块一项目三测试题

请填写测验题答案：

_____

_____

_____

_____

（二）项目考核

1. 按照附录白酒酿造工国家职业技能标准（2019 年版）技能要求考核。

2. 依据工作记录各项目组进行互评。

3. 各项目组提交实物、成果记录表，并将照片上传到中国大学 MOOC，由指导教师评价。

六、传承与创新

白酒蒸馏工艺探讨

（一）蒸馏条件对白酒生产的影响

甑桶这一特殊蒸馏设备，是将发酵糟醅作为被蒸物料，同时又是浓缩酒精和香气成分的填料层，最后酒气经冷却而得到白酒。这种蒸馏方法决定了装甑技术，醅料松散程度，蒸气量大小及均衡供汽。分段量质摘酒等蒸馏条件是影响蒸馏得率及质量的关键因素。

1. 操作师傅上甑技术的影响

在长期的生产实践中，大家总结了上甑技术的要点是"松、轻、准、薄、匀、平"六字。即醅料要疏松，上甑动作要轻，撒料要准确，醅料每次撒得要薄层、均匀，甑内酒气上升要均匀，上甑的槽醅每个料层要保持在一个平面。这些都受上甑人员掌握这些技术要点程度和蒸汽量大小的影响，操作不好就会出现"丰产不丰收"的现象。

2. 缓火和大火蒸馏对酒质的影响

缓火蒸馏的乳酸乙酯与己酸乙酯的比例较合适，口感甘冽爽口；而大汽蒸馏酒中乳酸乙酯较高，使酒口感发闷，放香不足。

（二）甑边效应及减少酒损失的措施

在利用甑桶上固态槽醅时，会看见一种现象就是沿着甑边先来汽，然后才是中间。根据蒸汽在糟醅的走势进行上甑，结果就出现了类似锅底形状的上甑槽醅，或称凹形糟醅，这种现象称为甑边效应或边界效应。这一物理现象不仅发生于白酒蒸馏的甑边固-固界面上，而且发生在固-液界面上。如液态发酵罐内产生的 CO_2 气体，沿罐壁或冷却管壁上升较从醪液中逸出更为容易。这种甑边效应，意味着糟醅在甑子里蒸汽的不均匀性，特别是甑子的材质、结构或保温材料的灌注不好或材质不好等原因，更易影响酒质和蒸馏效率。为了尽量减小甑边效应的影响，可以从以下几个方面采取措施。

（1）在甑算汽孔上采用不同的孔密度：孔距由甑边缘区域向甑中心递增密度，目的是让甑桶平面上各区域酒醅加热上汽趋向一致。

（2）对金属材料的甑桶和甑盖采取保温措施。

（3）甑盖口接过汽管道应高于冷却器端，以防冷凝酒液倒流入甑内。

（4）采用双层甑桶，间距在 5~10cm，上甑的料层厚度控制在 5cm 之下，以减轻酒醅自身压力，利于蒸汽在酒醅中穿汽均匀，减少踏汽或穿汽不均现象，提高蒸馏效率。

另外，可适当加大甑边倾斜度；甑内壁改成波纹状或锯齿状；使用改成凸形甑算等，从而减轻甑边效应。

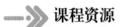 课程资源

上甑操作PPT	人工上甑	上甑操作要点-教学视频
上甑前准备-教学视频	上甑蒸馏-生产视频	量质并坛入库
量质摘酒操作工艺展示	量质摘酒与蒸粮	上甑蒸馏机械化
流酒速度对浓香型白酒质量的影响	酒花变化规律	酒头
大青花	小清花	云花

项目四　摊晾下曲和入窖

一、任务分析

本任务是继蒸馏接酒后的工艺操作，为下一步入窖糖化发酵做好准备。为了完成本次任务，需要从以下几点入手。

（1）大致工艺流程

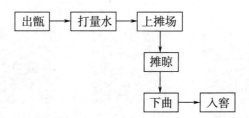

（2）关键点　打量水量、摊场摊晾情况、曲药拌和均匀度、入窖踩窖松紧。

二、知识学习

（一）线上预习

请扫描二维码学习以下内容：

| 打量水操作微课 | 打量水操作动画 | 摊晾操作微课 |
| 出甑摊晾下曲微课 | 传统人工摊晾下曲微课 | 下曲入窖创造条件 |

（二）重点知识

1. 为什么要打量水？

糊化以后的淀粉颗粒，需要充分吸水以后才能被酶作用，生成可发酵性糖，再由糖生成酒精。量水用量要根据季节、窖池新老和出窖酒糟的水分大小等因素来确定。

2. 打量水注意事项

（1）根据糟醅的层次打量水。由于糟醅在发酵中产生酒精和水，在重力的作用下会有一部分往下层走。对于发酵正常的糟醅，下层出窖的糟醅水分一般大于中上层糟醅水分，故打量水时，下层糟醅适当应少打点量水，但是整个窖池的入窖水分都应控制在合理的范围内，不要差距过大。

（2）打入一定数量的量水能使糟醅能保持正常的含水量，以促进正常的糖化发酵。正常发酵糟醅在出甑后的水分大约为50%，打入量水后，入窖水分以52%～54%为宜。

（3）量水要清洁卫生，水温要达到95℃以上，以减少杂菌感染和使淀粉粒能充分、快速吸水膨胀。若水温低，就会造成打入的量水进入不了粮食里面，出现在粮食表面，形成表面水，粮食不收汗。这种糟醅在入窖后，水分很快会渗透沉于窖池底部而出现上层糟醅干、下层糟醅水分大的现象，对酒质和产量都有影响。

3. 量水在酿酒生产中的基本作用

（1）稀释酸度，促使糟醅酸度挥发。

（2）为发酵提供所需的水分，供微生物生长繁殖和新陈代谢，使发酵得以正常进行。

（3）调节窖内温度。水分的比热容大，有利于发酵糟醅的温度保持和蒸发时带走热量，降低窖内温度，从而有利于发酵微生物的生长繁殖和代谢。

（4）稀释淀粉浓度，利于酵母菌的发酵。

（5）促进糟醅的新陈代谢。

4. 使用量水应遵循的原则

（1）冬减热加。因冬季入窖温度低，糟醅发酵升温缓慢，顶温一般不高，水分损失小，故冬季应适当减少一些。反之，在热季应适当多些量水。冬季量水用量一般为60%～80%（新窖除外），热季为80%～100%。

（2）根据出窖糟醅水分大小而定。糟醅水分小，量水应多用。

（3）根据原料的差异考虑量水用量。一般情况，粳高粱应稍多一点，糯高粱稍少一点。贮藏时间长的原料，多用一点水；贮藏时间短的新鲜原料，则可少用一点水。

（4）在适当范围内糠大水大、糠小水小。

（5）根据出窖酒糟残余淀粉含量高低确定量水用量。残余淀粉含量高，多用水；反之，则少用水。

（6）根据新、老窖池确定量水用量。一般新窖（建窖时间不长的窖池）

用水量宜大一些；老窖（几十年以上的窖池）用水量宜小一些。另外，窖池容积大的用水量应稍大些。

（7）根据入窖糟层来定量水用量。下层糟醅适当用水小一些，上层适当大一些，即打"梯梯水"。

5. 大曲的作用

（1）提供有益微生物及酶 大曲是浓香型白酒生产有益微生物的主要来源，大曲还含有淀粉酶、糖化酶、蛋白酶、酯化酶等多种酶。

（2）提供淀粉，起到投粮作用 大曲除含有大量的有益微生物外，还含有大量的淀粉，其含量一般在57%左右。所以经糖化发酵也能产部分酒精，而这类酒属二次发酵酒，香味特殊，酒质优良，是构成浓香型白酒独特风格不可缺少的一部分。

（3）大曲是浓香型白酒微量香味成分的主要来源之一 大曲中含有丰富的蛋白质、氨基酸和芳香化合物等，它们在发酵的作用而生成少量的芳香呈味物质，从而使浓香型白酒酒体更加丰满。

6. 使用大曲的原则

（1）根据入窖温度的高低（或季节）确定大曲用量 入窖温度高（夏季），用曲量小些；入窖温度低（冬季），可多用些曲。

（2）按投粮多少及残余淀粉含量高低确定用曲量 投粮多，多用曲；投粮少，少用曲。残余淀粉含量高，多用曲；残余淀粉含量低，少用曲。

（3）以曲质的好坏确定用曲量 大曲质量好，可少用曲；大曲质量差，可适当多用曲。

7. 入窖注意事项

（1）入窖（空窖）必须清扫窖池卫生。

（2）卸糟醅时务必检查窖池内有无异杂物。

（3）糟醅入窖后不能掉入异杂物。

（4）保存好每口窖池的入窖糟醅化验数据报告单。

（5）做好当天入窖情况记录。

8. 入窖条件

"五粮"浓香型白酒入窖条件参考见表1-14。

表1-14   "五粮"浓香型白酒入窖条件参考

项目 季节	入窖条件		
	水分	酸度	淀粉
冷季	51%~53%	1.5~2.0	17%~19%
热季	52%~54%	1.8~2.5	15%~16%

9. 入窖参数作用

糟醅在窖池中进行发酵时，其发酵好坏受到多种因素的制约和影响。温度、淀粉浓度、酸度、水分等因素对窖池发酵有极大的影响。长期的生产实践与科学分析证明，在一定的数值范围内，其窖池糟醅发酵才是正常的，否则就会影响发酵，达不到优质、高产、低消耗的目的。

（1）入窖温度　温度是发酵不可缺少的条件。微生物的生长繁殖都需要有一定的温度，在低温下（如0℃左右，或更低一些）酶活力降低，但酶的活力不至于受到破坏，一旦温度升到适宜范围，就能恢复其原有的催化活力。

入窖温度究竟在什么范围内恰当？经过长时间的摸索，无论在理论上或生产实践上都认为"低温入窖，缓慢发酵"对酿酒生产有利。最佳的入窖温度为16~19℃。入窖温度受季节影响较大。符合16~19℃的最适入窖温度是在冬天和初春，这是酿酒的最佳季节。8月份是酷暑盛夏，入窖温度极高，因而多数厂家都停止生产。

低温入窖、缓慢发酵的好处如下。

第一，糟醅入窖后，温度缓缓上升，升温幅度大，主发酵期长，糟醅发酵完全，出酒率高，质量好。

第二，可以抑制有害菌的繁殖生长。入窖温度低，适合有益菌生长繁殖，而不适合有害菌如醋酸菌、乳酸菌等的生长繁殖。

第三，升酸幅度小，糟醅不易产生病变。因为入窖温度低，生酸菌的生长繁殖受到阻碍，所以生酸量较少，淀粉、糖分、酒精的损失就会大量减少，这样发酵糟醅正常，出窖酒糟基础好，有利于下排生产。

第四，有利于醇甜物质与酯类物质的生成。窖池内，酵母菌在厌氧条件下进行酒精发酵的同时，能产生以丙三醇为主的多元醇，增强了酒的甜味感。多元醇在窖内的生成是极其缓慢的，但在酵母活动末期则生成较多。如果入窖温度过高，窖内升温迅猛，酵母易早衰甚至死亡，那么醇甜物质的生成量就会减少。

综上所述，入窖温度应掌握在16~19℃，总的升温幅度在15℃左右，否则可视为不正常。

（2）淀粉浓度　浓香型大曲酒生产的酿酒原料主要是高粱，淀粉是其主要的含量成分，因此在配料中有着重要的作用。入窖淀粉是指在生产时投入的淀粉。投入量的多少，关系到发酵好坏及产品质量的优劣。淀粉是酿酒生产不可缺少的原料，除此外，淀粉在配料操作中还起到下列作用。

①降低糟醅酸度和水分。经过实践，发酵糟醅中加入原料后，可降低水分10%左右，降低酸度1/6左右。

②提供发酵过程所需的温度（这是促使糟醅在窖内升温的主要来源）和

微生物生长繁殖和代谢所需的营养成分。在正常发酵情况下，大致每消耗 1% 的淀粉，可使糟醅升温 1.2~1.6℃。

③促进糟醅内正常的新陈代谢。

根据长期的生产实践及各种生产统计数据，以及现在生产使用的糖化发酵剂（大曲）的发酵能力，正常的入窖淀粉含量及粮醅比参数应为：

A. 入窖淀粉含量旺季是 20%~22%，淡季是 18%~20%。

B. 正常出窖糟的残余淀粉含量为 8%~12%。

C. 正常粮醅比为 1 : 4.5。

投入原料淀粉与糟醅淀粉含量之间有什么关系呢？

糟醅中所含的淀粉来源于原料中的淀粉。糟醅单位体积投入原料淀粉多，则糟醅中淀粉含量也多；反之，投入原料淀粉少，糟醅中含淀粉量也少。粮醅比例小的，糟醅中含淀粉量多；粮醅比例大的，糟醅中含淀粉量少。另外，糟醅发酵好，产酒多，糟醅中所含残余淀粉就会少；反之，发酵不好的，产酒会少，含残余淀粉就会多。在糟醅中还有一部分不能被微生物作用，经发酵而不能生成酒精的"虚假淀粉"（实为半纤维素、纤维素），占淀粉总量的 7% 左右。糟醅增加 1% 淀粉含量，需要投入多少原料呢？这与甑桶的容积有关。若甑桶容积在 $1.3m^3$ 左右，它能盛装 650kg 左右的糟醅。假定高粱原料淀粉含量为 60%，则每增加 15kg 原料淀粉，就可提高糟醅淀粉含量 1%。在正常的发酵中，消耗糟醅 1% 淀粉含量，每 50kg 发酵糟醅可产 60 度白酒 0.5kg，消耗 9% 淀粉，就可产 60 度白酒 4.5kg。

掌握入窖淀粉含量的高低有哪些原则呢？

根据入窖糟醅温度的高低确定投粮量的原则。入窖温度低，入窖糟淀粉含量可稍高一点；入窖温度高，入窖糟淀粉含量可稍低一点。

根据糟醅中残余淀粉的含量确定投粮量的原则。糟醅中残余淀粉含量高，应减少投粮量；相反，残余淀粉含量低，应增加投粮量。

根据产品质量的要求确定投粮量的原则。要求产量高，入窖糟醅淀粉含量可略偏高一点；要求产品质量好，入窖糟醅淀粉含量可偏低一点。

根据大曲中酵母菌发酵能力的强弱确定投粮量的原则。大曲中酵母菌的发酵力强，入窖淀粉含量可大一些；反之，则小一些。

（3）水分　这里的"水分"是指"入窖水分"和"出窖水分"。糟醅在发酵过程中通过打量水而获得所需的水分。一个窖池该用多少量水，这是根据糟醅的出窖水分来确定的。当然，使用量水多少，也还要遵循其他的原则，这在前面已讲到。

打量水后，糟醅经过摊晾下曲，放入窖池，这时糟醅的正常入窖水分应该为 54% 左右。要使入窖水分保持在 54% 左右，究竟该打多少量水呢？这里有一个计算公式。

量水的用量是依据原料投入量来计算的。根据生产实践，每打入按原料投入量比例 100% 的量水，即可获得入窖水分 6%。经过蒸煮糊化后的糟醅的含水量是 50%。现在，按投料量 80% 打入量水，那么糟醅的入窖水分是多少呢？其计算方法是：

打入 100% 的量水，增加入窖水分 6%；

打入 80% 的量水，增加入窖水分为 x。

所以增加的入窖水分为：

$$x = \frac{6\% \times 80\%}{100\%} = 4.8\%$$

那么打入了 80% 的量水，入窖水分为：50% +4.8% = 54.8%

因此，在酿酒生产上，在正常的情况下，控制量水用量在 80%～100%，只有这样，才能保证正常的入窖水分在 54% 左右。

糟醅打量水、冷却、下曲入窖后，进行密封发酵，在发酵过程中产生了大量的"黄水"。到开窖取糟时，糟醅所含的水分（严格地讲，这里讲的"水分"也不完全是水了，还有酸、醇等物质），即为通常讲的"出窖水分"。出窖水分究竟多少合适呢？生产实践证明，出窖糟醅所含水分应保持在 60%～62% 为宜。实际上，此时的出窖糟水分含量，远远大于 60%～62%，一般都在 64%～65%。因此，过量的水分在工艺操作上，是通过打黄水坑、滴窖、舀黄水来减少的。

糟醅中水分正常变化规律为：开窖时，糟醅含水量为 64%～65%，通过滴窖再取出糟醅，此时水分为 62% 左右，经拌料、上甑、蒸煮、出甑，水分为 50%。打入量水后，含水量为 54% 左右。从密封发酵到开窖，此时出窖水分为 64% 左右。

糟醅中含水量或大或小，均会影响生产。如果含水量偏少，生产上就会出现诸如糟醅入窖后升温迅猛，糟醅发酵不完全，糟醅现干，黄水少，易"倒烧"，润粮不透，影响原料糊化等现象；水分含量少还会严重影响微生物的正常代谢活动。同样，糟醅水分含量过大，生产上就会出现糟醅发酵升温缓慢，发酵期长，微生物繁殖快，生酸量大，产出酒的酒味淡薄，无香气等现象。因此，在生产上必须要准确掌握好入窖水分与出窖水分，才有利于生产。

（4）酸度 酸是形成浓香型白酒香味成分的前体物质，是各种酯类的主要组成部分，酸本身也是酒中呈味的主要物质。所以糟醅中的酸度不够时，所产酒不浓香，味单调；但酸度过高又会抑制有益微生物（主要为酵母菌）的生长繁殖，因而不产酒或少产酒。因此，必须正确地认识酸在生产酒中的作用，从而有效地利用它为生产服务。

①酸的作用：酸有利于糊化和糖化作用。酸有把淀粉、纤维等水解成糖

（葡萄糖）的能力。

糟醅中适当的酸，可以抑制部分有害杂菌的生长繁殖，而不影响酵母菌的发酵能力，这称作"以酸防酸"。

酸能提供有益微生物的营养和生成酒中有益的香味物质。

酸还有酯化作用。酸是酯的前体物质，有酸才能有酯，没有酸就没有酯，有什么样的酸才能有什么样的酯，所以酒中酯的来源离不开酸。酸和酯构成了浓香型白酒的主要香和味。

②正常入窖糟醅的适宜酸度范围

入窖糟醅的适宜酸度范围为 1.4~2.0。

出窖糟醅的适宜酸度范围为 2.8~3.8。

根据多年来生产实践的经验而确定入窖糟醅的酸度，例如某厂统计的入窖糟醅酸度与粮耗关系如下（仅供参考）：

入窖糟醅酸度：1.3~1.5，每 100kg 酒粮耗：180~210kg。

入窖糟醅酸度：1.5~1.7，每 100kg 酒粮耗：220~230kg。

入窖糟醅酸度：1.7~1.9，每 100kg 酒粮耗：230~240kg。

入窖糟醅酸度：1.9~2.2，每 100kg 酒粮耗：240~310kg。

③掌握适宜酸度范围的原则

根据入窖糟醅温度的高低确定入窖酸度的原则。入窖温度高，酸度可适当高一点，以达到以酸控酸，防止杂菌繁殖的目的；相反，入窖温度低时，酸度宜稍低些。

根据对产品产、质量的不同要求确定入窖糟醅酸度的原则。要求产量高（出酒率高），入窖酸度应稍低些；要求产品质量好，入窖糟醅酸度应稍高些。

根据入窖糟醅淀粉含量的高低确定入窖糟醅酸度的原则。入窖糟醅淀粉含量高，酸度宜稍低些；入窖糟醅淀粉含量低时，酸度可稍高些。

根据发酵周期长短确定入窖糟醅酸度的原则。发酵周期长的，入窖糟醅酸度可高些；发酵周期短的，入窖糟醅酸度宜低些。

④生产过程中糟醅酸度的变化情况

发酵周期为 45~60d 的，发酵升酸的幅度一般应在 1.5 左右为好。

从出窖到入窖，糟醅降酸幅度在 1.5 左右。

通过滴窖，减少糟醅中的黄水，从而可降酸度 0.2 左右。

通过加粮、加糠、拌和后可降酸度 0.6 左右。

通过蒸馏酒可降酸度 0.7 左右。

⑤糟醅升酸大的原因

入窖糟醅温度高，杂菌繁殖，活力强，升酸大。

糠壳用量多，窖内空气多，致使升酸幅度大。

窖池管理不善，窖皮裂口，空气侵入，引起酵母菌和杂菌大量生长繁殖，致使酸度和温度升高。

发酵周期长，杂菌生长繁殖的时间长，生酸菌较为活跃，所以酸度升幅大。

糟醅水分过大，生酸菌繁殖快，因而引起酸度升幅大。

量水温度过低，易被杂菌利用而生长繁殖。

清洁卫生工作搞得不好，糟醅污染杂菌而升酸幅度大。

入窖糟醅酸度过低，控制不了杂菌的生长繁殖，易造成升酸幅度大，在冬季，糟醅酸度不能低于1.0。

⑥酸度过大的危害

入窖酸度高，有益菌（主要是酵母菌）也会出现活力下降、钝化，呈抑制状态，发酵作用就不能正常进行，出现粮耗高，酒质差或不出酒的现象。

发酵后期杂菌繁殖，造成糖分和淀粉的损失。入窖糟醅酸度大，酵母菌的发酵能力减小，但糖化作用反而增强，糟醅中的糖分大量增加，有益的酵母菌又不能利用，给有害杂菌（如耐酸的醋酸菌）提供了丰富的营养。致使杂菌增多，酸度增高，造成糖分和淀粉的损失。

酸度大对生产设备的腐蚀性强。如酒中产生黑色的硫化物沉淀和硫化氢的臭烂味道，以及铅和重金属含量的增大，都是酸对设备腐蚀的结果，使酒质不纯，达不到卫生指标。

⑦调（降）酸措施

低温入窖是降酸的主要措施。细致操作，搞好清洁卫生，加强窖的管理，残糟回蒸杀菌等。加强滴窖勤舀工作，降酸效果好。

在滴窖时，如遇黄水滴不出来的情况，则可采取以酒代黄水（或以酒尾代黄水）的办法来降低糟醅中的酸度。

串香降酸。加青霉素（四环素）控酸。在入窖的糟醅（粮糟）中，加入一定量的青霉素（一般是1g糟醅中加1U或0.5U青霉素），可以控制升酸幅度在1.0以内。青霉素对酵母菌和霉菌无杀伤力，但可杀死细菌而降酸。

在淡季采取减粮措施，可以降低升酸幅度。在进入旺季的一排，则采取加粮措施，以稀释糟醅酸度，从而降低入窖酸度，以保证转排快，产品产量高，质量好。

抽底降酸。在淡季（热季）糟醅酸度高时，可采取优质红糟打底，利用滴窖，从而降低糟醅酸度。

适当的发酵周期是稳定酸度的有效措施。缩短发酵周期可以降低糟醅酸度；相反，延长发酵周期可提高酸度，主要是不挥发酸。

在入窖时或发酵中期加入生香酵母菌液，可抑制糟醅升酸。这样升酸幅度在2.0以内，对质量也有一定的好处。

采用石灰水中和或用石灰水刷洗堆糟坝、工用器具的方法，杀灭部分杂菌，达到降酸和控酸的目的。

双轮底糟分多甑（层）入窖（采用稀释的方法），以降低双轮底糟的酸度，使双轮底糟能继续使用。这对加强糟醅风格有很大作用，尤其在新窖糟醅中采用这种方法，效果更为显著。

糟醅酸度低时，可加黄水（最好用老窖黄水或好黄水），或加酯化液，以提高糟醅酸度，达到以酸控酸的目的。

在发酵中期（入窖后 20d 左右），采取回灌老窖黄水，人为地提高糟醅酸度（这种酸度用滴窖的方法可以解决），以防止有害杂菌的生长繁殖，减小升酸幅度，减少糖分、淀粉和酒精的损耗，并有利于酯化反应，对提高产品产量和质量均有一定的作用。

⑧生产中酸度过高过低的现象

入窖糟醅酸度过高，在窖内不升温，不"来吹"，15d 左右取样（窖内糟醅）化验分析，糖分很高，淀粉含量很低。这种窖应提前开窖，根据糟醅残余淀粉含量，采取减少投粮量的办法，以挽回损失，使糟醅酸度转入正常范围。

糟醅硬，黄水甜，产品质量差，产量也不高，糟醅含糖分高，使入窖酸度偏大。

因发酵时间太长等原因而引起糟醅酸度大，这时，从出窖糟醅和黄水等化验分析结果，看不出什么问题，酒的产量和质量都不错，尤以质量为好。但若不注意解决糟醅的酸度已经升高的问题，则下排入窖就会出现入窖酸度高所产生的弊病和危害。

入窖酸度（或糟醅酸度）低，产量虽高，但质量差。

（5）入窖条件之间的关系　所谓"入窖条件"，是指浓香型大曲酒在生产酿制过程中，与糖化发酵密切相关的一些因素。这些因素不是单独作用于糟醅，而是每个因素之间又有一定的关系，共同作用于糟醅的结果，下面简单介绍一下。

①温度与淀粉浓度成反比关系：入窖温度低时，入窖淀粉的浓度宜大；入窖温度高时，入窖淀粉浓度宜小。

②温度与水分成正比关系：温度高，水分挥发快，损失快，故成正比关系。

③温度与酸度成正比关系：温度高、酸度高，温度低、酸度低，这是一个重要的关系。

④温度与大曲用量成反比关系：入窖温度高时，大曲用量应少一些。如果入窖温度高，而大曲用量又大，则会造成升温快，生酸快，发酵周期缩短，糟醅发酵不完全，产出的酒数量少，质量差。

⑤温度与糠壳用量成反比关系：入窖温度高时，应少用一些糠壳；反之，当入窖温度低时，则多用一些糠壳。

⑥淀粉浓度和水分在理论上成正比关系：在理论上，当淀粉多时，则应多用一些水，这才有利于淀粉的糖化、糊化。然而，在实际的酿酒生产中，淀粉与水分则是反比关系。热季生产时，水用量大，淀粉用量减小；冬季生产时，水用量减小，淀粉用量增大。为什么这样呢？这是温度在起支配作用，其他的入窖条件都受"温度"的制约和影响。

⑦淀粉浓度与糠壳用量成正比关系：糠壳具有调节淀粉浓度的作用，当淀粉多时，糠壳也应多一点。

⑧酸度与水分成正比关系：水分能稀释酸而降低酸度。当糟醅酸大时，用水量适当大些；反之，酸度小时，用水量也应小一点。但在实际生产中，如果酸度过高而影响生产时，不能采取加大用水量的方法来解决酸度高的问题。

⑨酸度与糠壳用量成正比关系：糠壳可稀释酸度，当糟醅酸度大时，宜多用一点糠壳来降低酸度。但由于受入窖温度的制约，往往在生产上，冬季生产时，酸度低而多用糠壳；夏季生产时，酸度高反而少用糠壳。

三、实践操作

【步骤一】 出甑、打量水

（1）蒸粮蒸熟后，要及时出甑。

（2）出甑以后，应及时掺够底锅水，将甑桶内及上甑场地清扫干净，做好上甑准备。出甑的糟醅要及时团堆，顶部要挖平整，四周要清扫干净，为打量水做准备。

（3）打量水要打沸点量水，即将烧开的水，用量水桶（每桶量一致）盛装，均匀地泼洒在糟醅表面，并将糟醅堆附近散落的水快速扫干净。

（4）泼洒要均匀，最好每甑由一个人打量水，并用工具挖糟1次，挖糟完毕，再泼洒剩余部分。此时，再用耙梳、锨铲翻松，这样就可将糟醅在晾堂上摊晾冷却，再需焖粮3~8min。

【步骤二】 上摊场、摊晾、下曲

1. 晾糟机摊场操作

（1）在打完量水后，先打开电风扇，听其声音是否正常，若运转正常，可打开晾糟机的传动开关，然后一锨一锨地上糟。

（2）操作工人将糟铺满、铺齐、甩散后，糟子不起堆、不起结块。撒在晾糟机上的糟醅厚薄应均匀一致，厚薄程度应根据不同的季节和糟别来定，一般控制在3~5cm。在操作上，通常由二人进行。一人负责翻拌、摊薄、摊均匀；另一人则负责上糟摊晾。二人操作可以互相交换。操作上要注意温度保持一致。

（3）待达到下曲温度时，开启下曲料斗进行下曲和拌和，并用斗接住拌和好曲药的糟醅，准备入窖。

（4）每甑曲药用量，要与晾糟机匹配，糟醅在履带摊晾完、下曲量刚刚合适为好。

2. 传统晾糟棚摊晾

（1）在晾糟棚（一种摊晾设备）的两方，2人分别将堆焖好的糟醅快速平摊在晾糟棚上。

（2）进行冷翻一次，并打散结块。所谓冷翻就是糟醅不开风机，进行翻划一次。目的是避免糟醅在开风机后，由于风力大快速摊晾导致结板，最后导致翻划温度和水分不均匀。

（3）开风机，翻划两次，并进行摊床上温度调节和打散结块。

（4）待摊床糟醅吹晾到一定温度时，进行测温。要求各点温差±1℃。

（5）开反风机，将曲药均匀撒在摊床糟醅上，翻划一次，再团堆并翻拌均匀，然后铲入料斗中。拌和曲药要求：无灰包、白干子，拌和均匀。

（6）把摊床上的糟醅打扫干净。

上糟过程中要测量温度，各点温差在±1℃。残糟必须严格回蒸灭菌。摊晾时间不宜过长。

【步骤三】入窖

（1）将装入"斗"的下好大曲的糟醅，用行车吊到所下窖池，将糟醅放入窖中。

（2）每放入窖中一料斗糟醅，踩窖一次，测温（一般测五点温度），各点温差在±1℃。

（3）踩窖要求先踩四周，再踩中间，要松紧一致。在热季适当地踩紧点，踩密脚；冷季适当踩稀点。

（4）在入窖糟醅装入窖中冒出窖干子时，冒出窖干子的糟醅要四周拍紧，也要按要求进行踩窖，一般冒出窖干子的糟醅高度为1m左右即可。

工作记录

工作岗位：　　　　　　　项目组成员：　　　　　　　指导教师：

项目编号		项目名称	
任务编号		任务名称	
生产日期		气温/湿度	
工作要求			

开工前检查

场地和设备名称	是否合格	不合格原因	整改措施	检查人
晾糟架				
晾糟床				
水箱				
风机电源				
风机				
窖池				
手推车				
吊斗				
行车				
窖池通风设备				
测温计				
复核人： 年 月 日		审核（指导教师）： 年 月 日		

物料领取

名称	规格	单位	数量	单价	领取人
曲粉					
复核人： 年 月 日			审核（指导教师）： 年 月 日		

工作过程记录

操作步骤	开始/结束时间	操作记录	偏差与处理	操作人/复核人
出甑				
打量水				
上摊场				
摊晾				
下曲				
入窖踩窖				

成果记录

产品名称	数量 kg/ 酒精度%vol	感官特点	理化指标	产品估值/元
入窖酒糟				
复核人：　　　　　　　年　月　日			审核（指导教师）：　　年　月　日	

四、工作笔记

1. 为什么要处理摊晾的糟醅的结块？

_____

_____

_____

_____

2. 为什么夏季踩窖要适当地踩密脚？

_____

_____

_____

_____

3. 为什么夏季踩窖要适当地踩密脚？

_____

_____

_____

_____

4. 本项目碳排放数据收集，包括涉及的步骤和降耗降碳措施的探讨。

_____

_____

_____

_____

五、检查评估

（一）在线测验

模块一项目四测试题

请填写测验题答案：

_____

_____

_____

_____

（二）项目考核

1. 按照附录白酒酿造工国家职业技能标准（2019 年版）技能要求考核。

2. 依据工作记录各项目组进行互评。

3. 各项目组提交实物、成果记录表，并将照片上传到中国大学 MOOC，由指导教师评价。

4. 根据酿酒生产原始记录表（一）和表（二）记录的完整性、合理性进行综合评分。

表 1-15　　　　　　　　酿酒生产原始记录表（一）

窖别：　排　号　　　　　　　　　　　　开窖时间：

糟别＼班别 甑次		1	2	3	4	5	6	7	8	9	10	开窖糟 情况		上层		中层		下层
项目												黄水 情况						
配料	红粮											窖内 逐日 温度 检查	天数	1		2		3	4
	糠壳												温度						
蒸粮 时间	抬云盘												天数	5		6		7	8
	出甑												温度						
量水	数量												天数	9		10		11	12
	温度																		

续表

曲药	数量								窖内逐日温度检查	温度			
	撒曲温度									天数	13	14	15	16
地温										温度			
上甑人										天数	17	18	19	20
摘酒人										温度			
产酒量/kg													

说明：配料若是多种粮食要分别填写，记录总数；抬盘指上甑毕，盖上云盖的时间；产酒量以规定入库酒度计或实际酒度计；出窖酒糟情况根据开窖鉴定，将上、中、下层出窖酒糟情况分别填写。

表 1-16　　　　　　　　　　酿酒生产原始记录表（二）

工序		每甑投粮		谷壳	装甑时间		蒸粮时间		量水		曲药		入窖温度	
		高粱	糯米		起	止	起	止	数量	温度	数量	撒曲温度	地温	品温
混蒸	1													
	2													
	3													
	4													
	5													
	6													
	7													
	8													
	9													
	10													
	11													
	12													
	13													
	合计													

续表

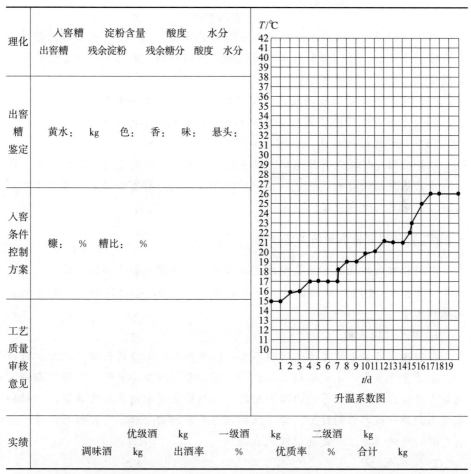

理化	入窖糟 淀粉含量 酸度 水分 出窖糟 残余淀粉 残余糖分 酸度 水分	
出窖糟鉴定	黄水: kg 色: 香: 味: 悬头:	
入窖条件控制方案	糠: % 糟比: %	
工艺质量审核意见		
实绩	优级酒 kg 一级酒 kg 二级酒 kg 调味酒 kg 出酒率 % 优质率 % 合计 kg	

升温系数图

说明：若是多种粮食要分别填写，记录总数；理化指标要在开窖前填写，以便应用化验数据指导生产；入窖条件控制方案：指本排入窖温度、水分、用糠、用曲等；实绩：各级酒分别记录酒精度和质量；合计按酒精度60%vol的酒标准计算；升温系数图每天按实测温度记录，最后连成曲线。

六、传承与创新

双轮底糟发酵技术应用探讨

所谓"双轮底糟发酵"，即在开窖时，将大部分糟醅取出，只在窖池底部留少部分糟醅（也可投入适量的成品酒、曲粉等）进行再次发酵的一种方法。双轮底糟发酵已被绝大多数浓香型大曲酒厂使用，且收到了明显的效果。

（一）使用双轮底糟的意义

双轮底糟发酵，是延长发酵期的一种工艺方法，只不过延长发酵的糟醅不是全窖整个糟醅。底部糟醅与窖泥有较长时间的接触，因此有利于香味物质的大量生成与积累，这是因为：

（1）窖底泥中的微生物及其代谢产物最容易进入底部糟醅。

（2）底部糟醅营养丰富，含水量充足，故微生物容易生长繁殖。

（3）底部糟醅酸度高，有利于酯化作用。

双轮底糟发酵就是利用这部分质量好的糟醅进行连续发酵2次或3次，以达到生产优质酒的目的。它是制造调味酒而采用的一种有效措施，在浓香型大曲酒生产中具有十分重要的意义。

（二）使用双轮底糟的工艺措施

常用的留双轮底的方法主要有连续双轮底和隔排双轮底两种。此外，还有三排、四排、"夹沙"双轮底等。下面着重介绍连续双轮底和隔排双轮底的基本操作方法。

1. 连续双轮底糟

在窖池底部留1甑左右的糟醅不出窖，并投入一定量的曲粉及次酒，进行再次发酵，并在留下来的酒糟上做记号，再按层放入出窖酒糟。发酵周期到了以后，开窖起糟至做记号的出窖酒糟时，把双轮底糟起出来蒸馏取酒，在双轮底糟上面的一甑左右的糟醅，留下来加入一定量的曲粉和酒，并做好记号，继续发酵。该操作方法就是连续双轮底法。

2. 隔排双轮底

做隔排双轮底的窖池，在第一排放入粮糟时，当入完第一甑后，立即将入窖粮糟刮平整，放上2块竹篾作记号，然后再逐甑逐甑装入粮糟。待第二排起窖时，起到有竹篾记号处，即停止起窖，将竹篾下面的糟醅留下再发酵一次，在它的上面装进粮糟。在第三排起窖时，才起糟做双轮底糟蒸酒，依此类推。该方法就是隔排双轮底法。

双轮底糟发酵，无论采用哪一种方法，产出来的酒都是可作调味酒使用的精华酒，这也被白酒界公认的。

为什么双轮底糟发酵能产优质酒（调味酒）呢？其基本原理如下。

第一，通过延长发酵期，增加了酯化时间，故酯类物质也增多。

第二，双轮底糟在进行酯化作用时（即第2次发酵），因为在双轮底糟上面的糟醅通过糖化发酵作用产生大量的热量、糖分、酒精和二氧化碳等，这些物质促进了双轮底糟醅酯化反应的进行，同时为双轮底糟中的微生物提供了营养物质和生长繁殖的条件，增强了双轮底糟中微生物的代谢，同时又因大量代谢产物的积累，从而提高了酒质。

在进行双轮底糟操作过程中，应注意的事项如下。

第一，双轮底糟出窖后要单独堆放，不能与其他层次的糟醅互混，同时最好摊场有专门的堆双轮底糟的地方，并有黄水坑，以便使双轮底糟中的水分降至 60% 左右，这个比较关键。若水分大，就会加糠，糟醅水大易显腻，影响上甑和蒸馏，如果操作不好反而会影响酒质。

第二，双轮底糟要单独进行蒸馏，单独存放酒，且都作为调味酒使用。

第三，因双轮底糟出窖酸度大，现在做法是如果入窖酸度降到 2.0 以下，可以一甑入到窖池的某一层，就是如果入窖酸度大于 2.0，可以把它分层数甑混合入窖。这样一年四季都可以留双轮底，特别是淡季。现在有些厂家，为了提高淡季的酒质和尽量降低粮耗，留 2~3 甑双轮底。

第四，在第 2 次发酵前加入适量麦曲粉和一般的成品酒，目的是进一步提高双轮底糟的酒质。

总之，在生产上采用双轮底糟发酵，采取正确的技术措施，能取得明显的质量提升效果。

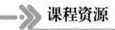

课程资源

下曲操作　　　晾糟机摊晾下曲　　　入窖水分

入窖淀粉　　　入窖酸度　　　入窖温度

入窖条件之间的相互　首届酿酒大师——刘友金
关系

项目五　发酵管理与窖池养护

一、任务分析

本任务是生产的后续工作，但是也是至关重要的环节。发酵管理关系到窖池在发酵期间的管理，若出问题，满盘皆输；窖池养护关系到新窖老熟或老窖继续保持窖泥的活性或优势，也是提高质量的一个方面，需要长期坚持。为了完成发酵管理和窖池养护，需从以下几个方面入手。

（1）封窖、正确管理窖池。

（2）观察跌头和吹口。

（3）进行正确的窖池养护。

二、知识学习

（一）线上预习

请扫描二维码学习以下内容：

封窖操作　　　　　　　　　发酵管理

窖池养护　　　　　　　　　窖泥老熟

封窖操作-动画　　　　白酒碳排放和低碳生产

（二）重点知识

1. 封窖的目的

（1）目的在于密封隔绝空气，防止空气中的杂菌侵入感染。

（2）抑制窖内好氧微生物的生长繁殖，同时抑制酵母菌在空气充足时大量消耗可发酵性糖，而使酵母菌后期进入无氧呼吸产生酒精。

（3）浓香型酒的生产需要己酸菌的参与，生成白酒的己酸乙酯主体香，该菌是严格厌氧菌，所以必须密封好窖池。

因此，严密封窖是一项重要的工艺操作。

2. 糟醅在密封窖池内的发酵变化情况

浓香型大曲酒生产从酿酒原料淀粉等物质到乙醇等成分的生成，均是在多种微生物的共同参与、作用下，经过极其复杂的糖化、发酵过程而完成的。依据淀粉生成糖，糖生成酒的基本原理以及固态法酿造特点，可把整个糖化发酵过程划分为三个阶段。

第一阶段：主发酵期

从摊晾下曲的糟醅进入窖池密封后，直到乙醇生成的过程，这一阶段为主发酵期。它包括糖化与酒精发酵两个过程。密封后的窖池，尽管隔绝了空气，但霉菌可利用糟醅颗粒间形成的缝隙中所蕴藏的稀薄空气进行有氧呼吸，而淀粉酶将可溶性淀粉转化生成葡萄糖。这一阶段是糖化阶段。而在有氧的条件下，大量的酵母菌进行菌体繁殖，当霉菌等把窖内氧气消耗完了以后，整个窖池呈无氧状态，此时酵母菌进行酒精发酵。酵母菌分泌出的酒化酶对糖进行酒精发酵。

固态法白酒生产，糖化、发酵不是截然分开的，而是边糖化边发酵。因此，边糖化边发酵是主发酵期的基本特征。在封窖后的几天内，由于好气性微生物的有氧呼吸，产生大量的二氧化碳，同时糟醅逐渐升温，温度应缓慢上升。当窖内氧气完全耗尽时，窖内糟醅在无氧条件下进行酒精发酵，窖内温度逐渐升至最高，而且能稳定一段时间后，再开始缓慢下降。

第二阶段：生酸期

在这个阶段内，窖内糟醅经过复杂的生物化学等变化，除生成酒精、糖外，还会产生大量的有机酸，主要是乙酸和乳酸，也有己酸、丁酸等其他有机酸。

在窖内除了霉菌、酵母菌外，还有细菌，细菌代谢活动是窖内酸类物质生成的主要途径。由醋酸菌作用将葡萄糖发酵生成醋酸，也可以由酵母酒精发酵支路生成醋酸。乳酸菌可将葡萄糖发酵生成乳酸。糖源是窖内生酸的主要基质。酒精经醋酸菌氧化也能生成醋酸。糟醅在发酵过程中，酸的种类与酸的生成途径也是较多的。

　　总之，固态法白酒生产属开放式生产，在生产中自然接种大量的微生物，它们在糖化发酵过程中自然会生成大量的酸类物质。酸类物质在白酒中既是呈香呈味物质，又是酯类物质生成的前体物质，即"无酸不成酯"，一定含量的酸类物质是酒质优劣的标志。

　　第三阶段：产香味期

　　经过20多天，酒精发酵基本完成，同时产生有机酸，酸含量随着发酵时间的延长而增加。从这一时间算起直到开窖止，这一段时间是发酵过程中的产酯期，也是香味物质逐渐生成的时期。糟醅中所含的香味成分是极多的，浓香型大曲酒的呈香呈味物是酯类物质，酯类物质生成的多少，对产品质量有极大影响。在酯化期，酯类物质的生成主要是生化反应。

　　在这个阶段，由微生物细胞中所含酯酶的催化作用而生成酯类物质。化学反应的酸、醇作用生成酯的速度是非常缓慢的。在酯化期，要消耗大量的醇和酸。在酯化期除了大量生成己酸乙酯、乙酸乙酯、乳酸乙酯、丁酸乙酯等酯类物质外，同时伴随生成另外一些香味物质，但酯的生成是其主要特征。

　　用图1-1可表示浓香型大曲酒的三个不同发酵阶段。

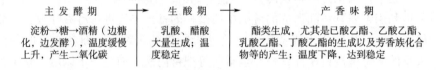

图1-1　浓香型大曲酒的三个不同发酵阶段

3. 发酵理论

（1）酒精发酵机制　淀粉糊化后，再经糖化生成葡萄糖，葡萄糖经发酵作用生成酒精。这一系列的生化反应中，糖变为酒的反应主要是靠酵母菌细胞中的酒化酶系的作用。酒精发酵属厌氧发酵，要求发酵在密闭条件下进行。如果有空气存在，酵母菌就不能完全进行酒精发酵，而部分进行呼吸作用，使酒精产量减少。

（2）白酒中微量香味物质的形成

①白酒中主要有机酸的生成：白酒中的各种有机酸，在发酵过程中虽是糖的不完全氧化物，但糖并不是形成有机酸的唯一原始物质，因为其他非糖化合物也能形成有机酸。值得引起注意的是，许多微生物可以利用有机酸作为碳源而消耗。所以发酵中有机酸既要产生又要消耗。在发酵过程中，主要的有机酸有甲酸、乙酸、乳酸、丁酸、己酸、戊酸、琥珀酸，由低级酸合成高级酸、脂肪生成脂肪酸等。

②白酒中酯类物质的生成：白酒中的酯类主要是由发酵过程中的生化反应产生的，此外也能通过化学反应合成，即有机酸与醇相接触进行酯化反应生成酯。酯化反应速度非常缓慢，并且反应到一定程度时即停止。在白酒中，主要的酯类物质有己酸乙酯、乳酸乙酯、乙酸乙酯、丁酸乙酯等。

③白酒中醇类物质的生成：任何种类的酒，在发酵过程中，除生成较大量的乙醇外，还同时生成其他醇类。醇类主要由微生物作用于糖、果胶质、氨基酸等而产生。白酒中主要的醇类物质有乙醇、甲醇、高级醇（包括正丙醇、仲丁醇、戊醇、异戊醇、异丁醇等）、多元醇［包括丙三醇、丁四醇（赤藓醇）、戊五醇（阿拉伯醇）、己六醇（甘露醇）］。

④白酒中的醛酮类物质：白酒中主要的醛酮类物质有乙醛、缩醛（主要是乙缩醛）、糠醛、丙烯醛（甘油醛）、高级醛酮（白酒中的醛酮类，即羰基化合是重要的香味成分。但含量过多，会给白酒带来异杂味。酒中高级醛酮是由氨基酸分解而成的，但其变化途径，迄今尚未搞清楚）和 α-联酮（双乙酰、3-羟基丁酮、2,3-丁二醇等一般习惯上统称 α-联酮）。

⑤白酒中芳香族化合物的生成：芳香族化合物是一种碳环化合物，是苯及其衍生物的总称（包括稠环烃及其衍生物）。酒中芳香族化合物主要来源于蛋白质。例如酪醇是酵母将酪氨酸加水、脱氨而生成的。

小麦中含有大量的阿魏酸、香草酸和香草醛。用小麦制曲时，经微生物作用而生成大量的香草酸及少量香草醛。小麦经酵母发酵，香草酸大量增加；但曲子经酵母发酵后，部分香草酸变成4-乙基愈创木酚。阿魏酸经酵母菌及细菌发酵后，生成4-乙基愈创木酚和少量香草醛。香草醛经酵母发酵和细菌作用也能生成4-乙基愈创木酚。据文献记载，香草醛、香草酸、阿魏酸等来源于木质素，丁香酸来自单宁。

⑥其他微量成分：白酒中检出的硫化物主要有硫化氢、硫醇、二乙基硫等，特别是新酒中这些物质含量较多，它们是新酒味的主要成分，通过贮存后，这些物质可挥发除去。硫化氢主要是由胱氨酸、半胱氨酸和它的前体物质—含硫蛋白质而来的。原料中含硫蛋白质含量不同，经发酵后硫化氢生成量也有差异。实验表明，酵母、细菌的硫化氢生成量较霉菌大得多。球拟酵母及汉逊酵母将胱氨酸生成硫化氢的能力更强。酒醅内存在胱氨酸时，在有较多的糠醛和乙醛存在的情况下，高温蒸馏时也能生成硫化氢。

4. 窖期与酒质的关系

在外部条件如窖池、入窖条件、工艺操作大体相同的情况下，酒质的好坏在很大程度上取决于发酵周期的长短，因此，延长发酵期已成为提高浓香型大曲酒酒质的重要做法。但是不是窖期越长越好？现将其分析如下。

（1）发酵时间与产品产量和质量的关系　从淀粉生成糖，再由糖生成酒精这一生物化学反应过程的完成，只需 20 多天。但这时生成的酒，通过尝评，其主体香气成分不足，口味也不浓，十分淡薄。其主要原因就在于发酵周期较短。四川某名酒厂在 20 世纪 50 年代初期，把窖池发酵周期定为 30d，而在 20 世纪 60 年代发酵周期也多为 30d 和 45d，但到了 20 世纪 70 年代则将发酵周期普遍延长到 60~70d。生产实践证明，发酵周期短的酒，其产量高，质量差；发酵周期长的酒，其酒质好，产量低。从香味物质，尤其是酯类物质的生成来看，酯的生成要消耗酒精，因此随着发酵周期的延长，酒精减少。

　　数据表明，发酵周期在 30d 左右的窖池，原料出酒率一般在 50% 左右（不计大曲消耗，只计投粮数，酒精含量以 60% vol 计，下同）；发酵周期在 50d 左右的，出酒率一般在 45% 左右；发酵周期延长到 75d 左右的，出酒率在 40% 左右。自然，再延长发酵周期，出酒率则更低。所以，既要考虑酒的质量，同时也要考虑酒的产量。现在四川某名酒厂把多数的窖池发酵周期定为 70~80d，少数窖池发酵周期延长到 80d 以上，长的发酵周期可到 6 个月或 1 年。

　　（2）发酵周期的科学确定　在浓香型大曲酒生产中，延长发酵周期，无论是产品的尝评还是理化指标检测方面，酒的质量确实较好。

　　究竟发酵周期多长为好呢？在白酒界其说不一，各持己见。

　　第一，从科学研究的角度看，应该是稳定传统的发酵周期，同时要采用先进的酿酒技术，研究提高产酒质量的措施，缩短传统发酵周期，而不能只靠延长发酵周期来提高酒的质量。前者是科学的，后者是不科学的。

　　第二，浓香型白酒的质量除与发酵周期有关外，还与窖泥、糟醅、大曲等的质量有关，并与工艺条件、入窖条件、设备使用、操作方法等因素有关。因此，只要其他条件配合得当，符合要求，那么发酵周期短一点，也是可提高酒质的。相反，若其他条件配合不当，不符合要求，那么发酵周期再长，也不会提高酒的质量。这一点，已被长期的生产实践充分证明。

　　总之，提高酒的质量，应该从多种因素考虑，不能片面地强调发酵周期。一般而言，发酵周期以 70~80d 为宜。

　　5. 加速窖泥的老熟

　　浓香型大曲酒优良的品质，与"百年老窖"有关。这些产优质酒的窖池，经历几十年甚至几百年的历程，它是自然老熟的结果。但是随着浓香型白酒越来越被大家接受，消费人群越来越多，如何让新窖在短时间内达到老窖优质的效果，这就必须加速窖泥老熟技术的研究，这是一项极为重要的技术研究。因此，运用现代科技知识、科技手段，提出了人工培窖和加速窖泥老熟的新课题。

　　（1）窖泥对酒质的影响　浓香型大曲酒呈香呈味物质的生成，绝大多数与窖泥有关，它对酒质起着十分重要的作用。"百年老窖"能产优质酒，这都是被人们所公认的，这充分说明了窖泥对酒质的影响极大。窖泥是浓香型白酒功能菌生长繁殖的载体。浓香型大曲酒的主体香味物质是己酸乙酯，而己酸乙酯是由栖息在窖泥中的梭状芽孢杆菌在生长繁殖过程中先产生己酸，然后再与酒精作用而生成的。这一复杂的酯化过程是由窖泥直接影响着各类微生物的生长和代谢活动，进而产生浓香型大曲酒所含有的己酸乙酯等香味成分的。生产实践证明，在窖泥中产生大量的有机酸，在糟醅中产生大量的酒精，这两种不同的有机物，在发酵过程中受到酯化酶的催化作用，生成了相应的酯类物质。而这些酯类物质，又是浓香型大曲酒的主体呈香呈味物质。

窖泥中微生物区系极为复杂，窖泥中栖息的微生物除己酸菌、丁酸菌外，还有对产生香味物有影响的具有特殊功能的甲烷菌、甲烷氧化菌和丙酸菌、嗜热芽孢杆菌等微生物。甲烷菌和甲烷氧化菌相互依存，它们以 CH_4 作为碳源和能源，有刺激产酸的功能。它们共同参与窖池生态环境中的碳素循环，协调了酒中各种有机化合物的相互关系。

窖泥中的微生物，大多为厌氧菌，尤其以芽孢杆菌为多。老窖泥中的细菌总数超过新窖泥中的 2 倍多。老窖泥中的甲烷菌、甲烷氧化菌、己酸菌、丁酸菌等明显多于新窖。这充分说明了窖泥对酒质有着十分明显的影响，也充分说明了这样一个事实，即"老窖"优于"新窖"。老窖之所以能产优质酒，其奥秘也在于此。

（2）新、老窖泥成分对比 窖泥成分通常包括水分、总酸、总酯、腐殖质、氨态氮、有效磷等。窖泥各种成分含量的多少，是衡量窖泥质量的标准。若窖泥中上述成分在一定范围内含量较高，则窖泥微生物生长繁殖、代谢活动旺盛；反之，则差。实验表明，老窖泥中，各种成分的含量都高于新窖泥。自然老窖能产出优质酒，新窖产优质酒的比率就小得多。

经验数据表明：老窖泥总酸含量一般在 1.0g/100g 干土左右；总酯含量为 0.5~1.0g/100g 干土；腐殖质含量在 10~20g/100g 干土，一般老窖泥腐殖质平均在 13g/100g 干土左右；越老的窖池水分含量越大，这是一般的规律。从总酸、总酯、腐殖质、水分 4 项指标考察，证明人工培养的窖泥与自然老熟的新窖泥相比还存在一定的差距。但有效磷、氨态氮的含量分析结果表明，新、老窖泥无明显差异。

对新、老窖泥进行了感官鉴定，情况如下：老窖泥的表面层呈灰白色，厚度为 2~4cm，水分含量大，有较强的黏稠性，具有浓郁的窖底香气。中间层呈乌黑色，厚度为 3~5cm，泥质脆，黏稠性弱，水分含量少，有轻微的硫化氢气味，也有黄、红、绿等各种颜色。在表面层与中间层的相邻处，有许多呈颗粒状的无色晶体物质。最里层是窖墙泥，呈黄、褐色，有臭鸡蛋味、泥生味，有一定的黏稠性。而新窖泥无上述感官特征。

6. 窖池养护方法

（1）制备老窖泥培养液养护窖池。该方法是在制备人工窖泥时，要加入老窖泥培养液作为种子，培养窖泥，以使窖泥加速老熟。老窖泥培养液，即采用一定量的老窖泥，加入一定量的大曲，适量优质黄水、酒尾、细花酒等培养而成。

（2）用优质黄水（稀释），加入适量的酒尾和细花酒进行养窖。但是该法要注意使用季节，对于酸度较高的热季或酸度较高的窖池不适用。

（3）用酒尾养窖，但是该法要注意酒尾中乳酸乙酯的含量，不然会使乳酸偏高。

（4）出窖酒糟养护窖池。

（5）针对窖池结板的窖泥或营养成分已大量丢失的窖池，要将窖泥刮下来，重新添加营养成分踩柔熟后搭上或重新培养窖泥搭窖。

（6）对于窖池窖泥缺水比较严重的，在窖池养护上，要将窖壁打小孔，间隙为5cm左右，再淋窖。

三、实践操作

【步骤一】封窖、管窖

（1）将封窖泥用底锅水浸泡后踩柔熟。

（2）把封窖泥装入泥斗（或手推车）中，用行车或手推车运至窖池。

（3）将泥斗或手推车内柔熟的封窖泥卸于窖梗子上。

（4）用铁锹将封窖泥铲在窖池糟醅上压实、拍光，封窖厚度达到12cm以上为好。

（5）窖池管理工作如下。

①用温度较高的热水调新鲜黄泥泥浆淋洒窖帽表面，保持窖帽滋润不干裂、不生霉。

②窖帽表面必须保持清洁，无异杂物。

③窖帽上不得出现裂口，若出现裂口应及时清理，避免透气、跑香和烂糟。

④封窖后15d内必须每天坚持清窖，15d后保持无裂口。

⑤班长必须经常检查窖帽，若有鼠洞、人为损伤、机械损伤等则应及时修补并查找原因、设法杜绝。

⑥观察温度：温度是影响糖化发酵的主要因素之一。在封窖后的十几天内，温度是否上升，升温是急还是缓，只有通过对窖内温度进行详细观察方可得出结论，测温后要立即处理缝口。

⑦看"跌窖"：也称"跌头"、"走窖"，即糟醅发酵后，窖帽下沉的情况。这种现象说明窖池内微生物在进行正常的代谢活动，同时糟醅在进行正常的糖化发酵。

⑧看"吹口"：糟醅发酵要产生二氧化碳，在封窖的时候，预先插入一根不锈钢管（直径大致 10mm 即可），把出口密封好。在观察时打开开口，若有白汽冒出或用蜡烛点燃靠近，蜡烛熄灭，证明在进行糖化发酵和产酒。

【步骤二】窖池养护

（1）在起糟的时候，要注意不要损伤窖壁窖泥和窖底窖泥。

（2）打扫窖壁上附着的糟醅时，要用地扫轻扫下糟醅，不能损伤窖壁的窖泥。

（3）要保持窖壁的湿润，特别是窖池中上半窖壁，一般下半窖壁不会出现缺水现象。

（4）淋窖时要注意少量多次，以保持窖壁的营养和水分。

（5）对于窖池起泥包，要拍打平整，不可直接将泥包去除掉。

工作记录

工作岗位：　　　　　　　　项目组成员：　　　　　　　　指导教师：

项目编号		项目名称	
任务编号		任务名称	
生产日期		气温/湿度	
工作要求			

开工前检查

场地和设备名称	是否合格	不合格原因	整改措施	检查人
窖池				
封窖泥				
打泥机				
运泥车				
其他工具				
复核人：　　　　　　年　月　日			审核（指导教师）：　　年　月　日	

工作过程记录

操作步骤	开始/结束时间	操作记录	偏差与处理	操作人/复核人
封窖				
管窖				
看"跌窖"				
看"吹口"				
窖池养护				

窖泥感官鉴定、理化分析表

项目		判断
感官鉴定	颜色	
	香气	
	手感	
理化指标	水分/%	
	总酸/(g/100g 干土)	
	总酯/(g/100g 干土)	
	氨态氮/(mg/100g 干土)	
	有效磷/(mg/100g 干土)	
	腐殖质/(g/100g 干土)	
	芽孢杆菌/(个/g 干土)	
	细菌总数/(个/g 干土)	

成果记录

发酵情况	日期/d	1	3	5	7	10	13	15	20	25	30	35	40	50
	温度/℃													
	室温/℃													

四、工作笔记

1. 糟醅在窖池发酵的三个阶段是什么？

_____

_____

_____

2. 养窖的目的是什么？

_____

_____

_____

3. 本项目碳排放数据收集，包括涉及的步骤和降耗降碳措施的探讨。

_____

_____

_____

五、检查评估

（一）在线测验

模块一项目五测试题

请填写测验题答案：

_____

_____

_____

_____

（二）项目考核

1. 按照附录白酒酿造工国家职业技能标准（2019 年版）技能要求考核。
2. 依据工作记录各项目组进行互评。

3. 各项目组提交实物、成果记录表，并将照片上传到中国大学 MOOC，由指导教师评价。

4. 根据生产数据在数字化生产管理软件中填写的完整性和分析结果的准确性进行综合评价。

六、传承与创新

技术要点 1　人工培养窖泥技术与回窖发酵技术

（一）人工培养窖泥

1. 窖泥配方要合理，要有科学依据

如在窖泥中加入烂菜叶、肠衣水、霉坏的水果等杂物，不但不能提高窖泥质量，反而会给窖泥带来恶臭。

2. 窖泥配方要有利于窖泥微生物的正常繁殖生长

人工培养窖泥最根本目的是为窖泥微生物提供一个良好的栖息环境，背离了这个目的的窖泥配方，就谈不上提高酒的质量。因此，在配方中选用有利于窖泥微生物生长繁殖的物质，则是十分必要的。因为人工培养窖泥的实质，就在于培养窖泥中的有益微生物。以下是两个窖泥培养配方，仅供参考。

第一种配方：优质泥 5000kg；老窖皮泥 1000kg；黄水 10%；大曲粉 3%；酒尾 2%；老窖泥培养液 10%；适量的无机盐或有机化合物（含氮、磷、钾）。

将上述物质均匀拌和后，置于窖内密封发酵。

第二种配方：优质泥 4000kg；窖皮泥 1000kg；有一定年龄的藕塘泥 1000kg；黄水 7%；大曲粉 4%；老窖泥扩大培养液 6%；酒尾适量；优质糟子粉适量；适量（含氮、磷、钾）的无机盐或有机化合物充分拌匀，密封发酵。

以上 2 种窖泥配方都在泥中加入了老窖泥扩大培养液，该培养液中有大量的己酸菌、丁酸菌、甲烷菌等与酿酒有关的功能菌。其后，这种人工培养窖泥的方法被广泛地推广使用。

目前，从白酒界看，人工培养窖泥技术虽说已有 20 多年，但其方法却是"百花齐放"。不过有关如何提高人工培养窖泥质量，总的认识已趋于一致。这就是：通过人工培养窖泥，为窖泥微生物提供一个良好的生长繁殖环境，同时对厌氧功能菌进行强化。在具体配方中，明确了加入的各种物质要能充分提供窖泥微生物生长繁殖所需的各种营养成分，与此无关的有不良反应的物质则不宜加入。

根据有关资料、杂志、书籍，现引录一些厂家对人工培养窖泥所采用的配方，供参考。

四川某酒厂的配方：老窖皮泥、大曲粉、黄水、酒尾、丢糟粉、新黄泥、老窖泥培养液。

河南某酒厂的配方：黑藕塘泥、黄黏泥、大曲粉、豆饼粉、黄水、老窖泥培养液。

安徽某酒厂的配方：黄黏土、酒糟、黄水、低度酒、优质酒糟、老窖泥培养液。

按上述配方建造的窖所产的酒，其质量都有较大的提高。

总之，要建造出优质的人工窖池，一要注意配方得当，泥土原料好；二要操作方法得当，加强保养。

（二）回窖发酵

回窖发酵是糟醅在发酵过程中增加一些物质参与发酵，并能提高主体香味物质的一种方法。

根据发酵过程中香味物质生成的基本原理和传统工艺生产的实践经验，采用回窖发酵方法，能较大幅度地提高质量。这种方法易于掌握，效果极好。就目前而言，回窖发酵包括回酒发酵、回泥发酵、回糟及翻糟发酵、回己酸菌液发酵、回综合菌液发酵等。但是都要注意一个量的问题，主要还是要把自身出窖酒糟做好，才是解决问题的根本。

1. 回酒发酵

回酒发酵始于四川省泸州曲酒厂，是该厂的传统工艺。所谓"回酒发酵"是把已经酿制出来的酒，再回入正在发酵的窖池中再次发酵。也有人称其为"回沙发酵"。这样增加了酒精，也增加了其他呈香呈味物质。因此，第一，酵母菌和窖泥中的微生物可以把它们作为中间物质，进一步进行生化反应，增加酯的含量、醇的含量、醛类物质含量等；第二，回入酒有助于控制窖池内部的升温，满足"前缓、中挺、后缓落"的原则，促进酒质提高和陈香老熟。

长期采取这一措施，还能使窖泥老熟，使窖泥中有益微生物、水分、有效磷等都增加，提高窖泥的质量，同时优质的糟醅风格也能迅速形成。

2. 回泥发酵

浓香型大曲酒的香型与泥土有着密不可分的关系。老窖就充分地说明了这一点。如果没有泥土，就会影响酒的香型与风格。采取回泥发酵也就是基于这个道理。

由于浓香型大曲酒的生产设备和工艺操作在不断更新，这些变化对酒的香型、风格产生了影响。因此，有人尝评成品酒时认为，现在的酒，窖香味没有以前那么浓了。为了不至于使浓香型酒产生型变，丢失固有的酒体风格，故提出了回泥发酵这一措施。

3. 回糟及翻糟发酵

回糟发酵及翻糟发酵类似于回酒发酵的作用。许多资料表明，不少生产浓香型大曲酒的厂家，采用了回糟发酵、翻糟发酵的方法后，生产上取得了良好的效果，产品质量明显提高。故这些方法得以广泛推广，促进了浓香型大曲酒生产的向前发展。

技术要点2　糟醅的转排问题

(一) 浓香型白酒的掉排原因

根据生产的实际情况，掉排的原因主要是有酸高掉排和酸低掉排两种。总的来说，主要是根据酸度情况采取热季出窖酒糟和平季出窖酒糟转排的措施。

1. 酸高掉排的原因

(1) 热季是酸高掉排的主要原因。热季气温高，空气湿度大，微生物代谢旺盛，入窖升温快，生酸幅度大，酵母菌的代谢活动受到抑制，承受不了高温带来的恶劣环境而逐渐衰老或死亡。

(2) 平季发酵周期延长，促进酸度增大。

(3) 在旺季连续不正常生产也可能出现酸高掉排。

2. 酸低掉排的原因

酸低掉排一般在平季向旺季过渡后发生。在出窖酒糟酸度高的情况下，操作者为了降低入窖糟醅的酸度，错误地用多打量水进行酸度的稀释或降酸，这样造成入窖糟醅在入窖后升温缓慢，从而影响微生物的代谢活动，酸度升不起来，使主发酵期延长，生酸和生酯时间缩短。在开窖时，发酵都还未结束，出现酸度低的现象。具体表现在出酒少，黄水滴不出，出窖酒糟香气弱，糟醅水分大，残余淀粉含量高等，为下轮配料带来很大的影响。

(二) 转排的措施

1. 酸高掉排的转排措施

(1) 减少出窖酒糟的用量，适当增加辅料，减少粮食用量。

(2) 抬盘冲酸方法是底锅用清水，用蒸汽冲酸，达到一定程度降酸的目的。

(3) 不在底锅串入酯化液、黄水等，因其不利于降酸。

(4) 把酸高的糟醅和酸低的糟醅搭配，混合入窖；若酸度实在太高，可做红糟处理，然后做丢糟。

2. 酸低掉排的转排措施

(1) 酸低掉排后的转排仍以"少投快翻"为主要手段，原理和方法同酸高转排一样。

（2）在糟醅中适当增加糠壳的用量，以提高出窖酒糟的骨力，也可稀释淀粉。

（3）由于残余淀粉含量，可适当增加曲药用量。

（4）在转排过程中，对升温不理想的窖池，待升温停止后，可采取糟醅移位的方法处理，这是一种升温不好时的补救措施。

技术要点3　晾糟新技术的利用与完善研讨

随着浓香型白酒酿造技术的发展，现在普遍使用的糟醅摊晾设备是晾糟棚。用该设备的主要目的是满足两个要求：第一是摊晾出窖酒糟达到下曲的温度所需；第二是曲药在摊床上翻划拌和均匀，再入窖发酵。但是随着其他行业的发展，劳动力出现了紧缺的状态，从事传统行业这一劳动力密集行业的酿酒工作者们就在想如何引进设备，从而降低劳动强度和用工量，就像起吊设备在酿造行业被广泛应用一样，人们开始思考和研究晾糟机这一最近比较热门的摊晾设备。

（一）对晾糟机的认识

（1）新型的机械摊晾设备。

（2）降低了劳动强度和节约了人工，同时降低了员工的流动率。

（3）技术人员有更多的精力从事酿酒技术研究，而不用花大部分的精力去考虑缺人上班怎么办，生产得到了稳定。

（4）部分专业人士或资深人士认为现在晾糟机还存在许多不确定因素，不适合使用。

（二）晾糟机的结构部件

（1）晾糟机有风机，供糟醅摊晾鼓风使用。

（2）有搅辊（一般是三根），起到了翻划糟醅和拌和曲药的作用。

（3）下曲料斗一个。

（4）运输糟醅的链板一个。

（5）上糟端和下糟端。

（三）晾糟机的优点

除上述第一大项所说的几点优点，现在从技术上讨论以下几点好处。

（1）糟醅在摊晾的过程中，摊晾温度基本上一致，达到了生产工艺要求的摊晾温度。

（2）曲药拌和比较均匀，基本上无灰包、结块。

（3）糟醅基本上无结块。

（四）对晾糟机的技术担心

（1）由于是一铲一铲地上到摊场上去的，靠摊场远的糟醅焖粮时间过长。

（2）由于晾糟机上水分的挥发比晾糟棚上操作小，打量水的量要减少，这样直接堆焖粮食，会不会靠地面的粮食还未充分吸水膨胀，就需要将糟醅打好量水后，翻拌一次以上，这样增加了劳动强度。

（3）糟醅在搅辊的作用下进行打散，是不是会破坏糟醅的骨力和影响粮食的颗粒大小，从实际操作情况来看，有部分现象是打完量水后粮食颗粒比较饱满，但是通过晾糟机后觉得粮食颗粒变小了。

（4）由于是电机带动，有机油等异物，处理不善则易感染糟醅。

（5）糟醅蒸粮和出甑上，有时间上的先后顺序，晾糟机上的工作安排不好，易出现安排不当，出现3甑都堆在摊场的现象，出甑的糟醅需要及时打量水，结果导致焖粮时间过长，影响出窖酒糟的骨力。

（6）空气中有益的微生物在不锈钢的机械上富集是否和晾糟棚竹板上的差不多，是否会影响糟醅网罗空气和设备上的微生物。

（7）地面上散落的残糟，感染的程度是否比晾糟棚大。

（8）打扫残糟和搞卫生的难度相对加大，如风室内部掉落的残糟、链板下面的残糟、机子死角处的残糟等。

（五）晾糟机的展望

据最近的了解，在四川对该设备的研究热情非常高，特别是宜宾、泸州、邛崃这三个大的酒产区，现在已经有酒厂在使用该设备了。从酒质和产量上来看，现阶段未出现什么问题。虽然在晾糟机使用上，大家还有很多的不同意见和实际存在的问题，但是随着现代酿造技术的发展，这些问题是可以被攻克的，因为晾糟机的问世和应用是现在市场发展的需要。

酿酒是一个传统行业，要分清什么是传统和什么是创新。我们应该保持的是酿酒的基本原理不变，酒质和产量不变，在这个前提下，进行设备更新或技术更新，为糟醅在窖池内部正常的发酵创造一个较好的环境，同时降低工人的劳动强度，这是好事。晾糟机这个设备要成熟起来，这需要当代酿酒工作者的不懈努力才能实现。

技术要点4　如何提高酒质和降低生产成本

（一）提高酒质

在浓香型酒质的提高上面，最主要的是"增己降乳"，即增加白酒中己酸乙酯的含量，降低白酒中乳酸乙酯的含量。另外就是加快窖泥的老熟、稳定和提高老窖的优势。具体措施可以从以下几个方面入手。

（1）控制糟醅入窖水分在合理的范围内，水分不宜过大。

（2）出窖酒糟不要做来显腻，要做成柔熟、疏松、泡气和收汗。

（3）做酯化酒来串，但要注意量的问题。

（4）提高入库酒的浓度。

（5）利用好双轮底糟。

（6）提高上甑蒸馏和量质摘酒技术。

（7）加强窖池养护工作，可以采用老窖泥培养液淋窖，保持窖泥的水分，促进新窖窖泥的老熟。

（8）糟醅做来稳定，不要大起大落，从而做到"以糟养窖，以窖养糟"。

（9）适当地延长发酵周期。

（10）可以把不好的糟醅的酒，做不入库或少入库处理，作酯化酒使用。

（11）可以通过夹泥发酵、回酒发酵、回糟发酵等措施提高出窖酒糟的质量，从而提高酒质。

（二）降低生产成本

在市场的竞争下，面对部分酒厂的酒质都比较好的时候，往往价格优势就体现出来了，即人们经常所说的物美价廉，那肯定就要考虑生产成本的问题，具体可以从以下几个方面入手。

（1）对天然气或煤炭的节约　①可以提高锅炉的利用率，从而提高转化蒸汽的量和压力。②对蒸馏设备进行改造，达到节约汽的目的，如控制蒸粮或上甑的气压，满足生产即可，不浪费蒸汽。③减少蒸汽管道的弯道，尽量做最捷径的供汽路径。

（2）降低安全事故发生的概率，尽量做到安全事故零发生。

（3）加强设备维修和保养，提高维修人员的技术水平和判断能力，减少机械设备发生故障或产生维修成本的概率。

（4）建立对维修造价的审核程序，减少价高做工不好或人的投机取巧等现象，损害公司的利益。

（5）建立消耗定额计划和粮耗计划，鼓励低消耗、产好酒和提高出酒率的员工或班组。

综上所述，如果在酒质上得到了提高，成本又降下来了，应该可以从生产技术这个层面，赢得市场和机会。

➤➤ 课程资源

窖泥与酒质关系	入窖及发酵管理	发酵管理动画
窖泥功能退化	窖池养护液	降酸措施
酒中常见异杂味与生产的关系	窖池养护展示	

模块二　酱香型白酒酿造项目

一、项目概述

酱香型白酒的酿造工艺特殊，不同于浓香型和清香型白酒工艺。经过下沙投料、加曲拌和、高温堆积、入池发酵、取酒、贮存、勾兑等工序，在窖池和环境中微生物种群的共同作用下，产生特殊的呈香呈味物质，经8次发酵接取7次原酒，生产出酱香、醇甜、窖底香3种典型香体原酒，完成一个生产周期。通过本项目的学习，学习"四高两长，一大一多"的白酒生产工艺。通过实际生产操作，旨在深刻理解该工艺特点与酱香型白酒品质形成的关系，学会酱香型白酒生产基本操作，在实际的生产过程中有效地解决生产上的疑难点。

二、项目任务

项目任务书

项目编号		项目名称	
学员姓名		学号	
指导教师		起始时间	
项目组成员			
工作目标	完成酱香型白酒酿造的工作任务，产品质量符合酱香型白酒各等级标准		
学习目标	**知识目标** 1. 掌握酱香型白酒制曲原料判断、曲坯制作标准、培菌制曲的工艺流程。 2. 掌握酱香型白酒制曲工艺质量关键控制要素。 3. 理解和掌握酱香型白酒发酵过程中糖分、酒精转化过程。 4. 掌握酱香型白酒呈香呈味物质形成的原理。 5. 熟悉酱香型白酒的工艺流程，掌握各个环节的参数控制。		

续表

学习目标	6. 理解酱香型白酒"四高两长，一大一多"工艺特点的含义。 7. 掌握酱香型白酒品质形成与生产工艺的关系。 8. 理解晾堂堆积、多轮次发酵、分轮分型贮存工艺原理。 **能力目标** 　1. 会观察记录曲坯在不同季节、生产过程中不同阶段的培菌管理中曲坯的外观变化，能发现培菌过程中出现的异常问题，并及时提出处理措施。 　2. 学会正确使用各类测量、计量工具。 　3. 学会酱香型白酒生产的开窖、起窖、配料、堆积、上甑蒸馏、入窖等基本操作。 　4. 能独立完成生沙操作、糙沙操作、熟糟操作。 　5. 能准确分辨各轮次酒的产品特征。 　6. 能根据酒糟感官特点，进行工艺分析。 　7. 能够正确进行生产原始记录，排查生产过程的安全隐患。 **素质目标** 　1. 养成严谨的工作态度、树立质量意识。 　2. 培养规范操作工作习惯，团队协作能力，提高表达能力及沟通能力。 　3. 培养长征精神、社会责任，强化技术传承的工匠精神。 　4. 树立拼搏精神、道路自信、文化自信和爱国情怀。 　5. 树立绿色低耗低碳意识。

项目一　酱香型大曲制作

一、任务分析

　　酱香型大曲也称高温大曲，主要用于酱香型白酒的生产。高温制曲是提高酱香型白酒风格质量的基础。生产酱香型酒，曲药质量对形成酒的风格和提高质量起决定性作用，其中以茅台酒为典型。酱香型大曲具有酱香浓郁，直接影响到白酒的香味。制曲原料中含有丰富的淀粉、纤维素和蛋白质。淀粉和纤维素在各类淀粉水解酶的作用下生成各类单糖。蛋白质在蛋白酶的作用下生成各类氨基酸，这些物质在发生氧化反应的同时进行美拉德反应，因而产生种类多、含量高的含氮、含氧、含硫等杂环类化合物，必须使最高温度达到$60 \sim 65℃$。在此高温下，嗜热芽孢杆菌不仅产生活力高的蛋白水解酶，也生成相当含量的3-羟基丁酮、2，3-丁二酮及醛酮类等风味物质。$60 \sim 63℃$是淀粉水解酶、蛋白水解酶的最适温度，在酶解成单糖和氨基酸的同时，最终发生褐变反应生成酮醛类及杂环类化合物。中温大曲的$55 \sim 59℃$不及酱香型大曲$60 \sim 65℃$的香气馥郁幽雅，这是由美拉德反应程度的不同而造成的。

　　酱香型大曲一般以纯小麦为原料培养而成的，其工艺流程如下：

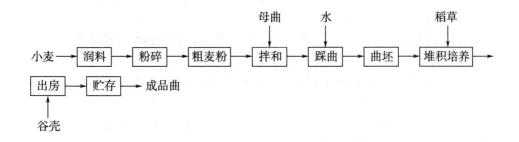

二、知识学习

（一）线上预习

请扫描二维码学习以下内容：

高温大曲的工艺流程

白酒企业的ESG报告

（二）重点知识

1. 对制曲生产所使用原料的基本要求

生产酱香型大曲是以小麦为主，因小麦含淀粉较高，黏着力强，氨基酸种类达 20 多种，维生素含量丰富，是各类微生物繁殖、产酶的天然优良培养基。特别是其含比较多的面筋（蛋白质）成分，在为微生物生长代谢提供较丰富的氮源的同时，成就酱香型大曲特有的酱香风格；还便于提浆增加曲坯的结构紧密性，实现曲坯的保水能力，为提高酱香型大曲制曲温度和中挺温度的持续时间创造了条件。

2. 生产使用小麦的标准

参考小麦的国家标准（GB 1351—2008），感官质量满足标准的要求，即颗粒饱满、新鲜、无虫蛀、不霉变，干燥适宜，无异杂味，无泥沙及其他杂物。查阅或索取每批小麦的化验报告单，对水分、淀粉和蛋白质等指标进行了解。

3. 物料计算

根据制曲当天的生产任务，计算各种原、辅料的用量。

（1）根据原料配比、每锅拌料总量，计算每锅的润料用水量、拌料用水量和原料量。

（2）根据生产要求，即每班生产量，计算需拌料的锅数，然后算出所需原料的总数。

（3）根据单批次曲料的拌和量，计算所需加水数量，实现满足生产工艺技术参数的要求。

例如，润料用水 4%，曲坯含水量 45%（小麦自身含水为 12.8%），每批次拌料 150kg。则每锅需：

小麦：150kg

润小麦用水量：150×4% = 6（kg）

麦粉拌和用水量：150×（45-12.8-4）% = 42.3（kg）

如果批次小麦数量有变化，以此类推。

4. 曲房的灭菌

将曲房打扫干净，包括对门窗进行清刷，检查曲房的门窗是否完好；采用熏蒸法，药剂的使用按以下标准进行：$1m^3$ 曲房，用硫黄 5g 和 30%~35% 甲醛 5mL，将硫黄点燃并用酒精灯加热蒸发皿中的甲醛，如果只用硫黄杀菌，每 $1m^3$ 用量约 10g。

步骤：先将曲房内中心铺底的谷糠刨一个到底的圆坑，直径 50cm 左右；放置好熏蒸药剂，点燃，并检查其周围有无易燃物品；关闭所有门窗，使其慢慢全部挥发；密闭 12h 后，打开门窗，通过对流，置换入新鲜空气；清理所使用的熏蒸工具和残留物品。

5. 检查设备和能源

（1）设备使用前，将设备清理干净，设备上不能堆放任何杂物。

（2）检查设备的螺丝、螺帽是否松动。

（3）检查电源插头、插座有无松动、脱落；电源信号灯是否完好。

（4）设备启动后，从声音上判断是否转动正常。如有异常声音，应立即停机检查。

（5）定期对机械设备进行润滑保养。

6. 感官检查

小麦是生产大曲的重要原料，因此必须先进行严格的感官检查，凡是有霉变、发芽或有感染等问题的千万不能投入生产环节，否则严重影响生产过程的控制和生产大曲的品质，如不能升温、曲坯发乌、成品有曲霉杂气味等。

7. 润麦水的温度和用量

润麦水的温度和用量，主要考虑小麦的品质和气候变化这两个因素，使用硬质小麦时水量可多一些，冬春季节水温可略高一些；而使用软质小麦时水量可少一些。冬春季节润麦时水量可少一些，夏秋季节润麦时水量可多一些。

8. 粉碎度的控制

关于粉碎度的控制，应根据气候变化的情况而定，冬春季节可适当粗一些，夏秋季节可适当细一些。在实际操作中，从磨粉机械正式出料时，取大样分成均样，称取样 100g，过筛操作，记录过筛细粉质量，计算出细度，达到要求就正常进行粉碎操作，如达不到则停机进行检查，调节磨辊间距使得小麦粉细度达到要求为准，同时还要在粉碎的中途期间进行一次细度的抽检，以确保细度达到工艺技术指标要求。细度也是粉碎工序控制的核心指标，它不仅影响麦粉的吸水（量）、制曲最高温度的持续时间等，还最终影响酱香型大曲质量、风格的形成。

9. 制曲过程中拌和加水量的控制

加水量过多，曲坯易压紧，不利于微生物向坯内生长，而表面易长毛霉、黑曲霉，并且升温快，易引起酸败细菌的大量繁殖；水多酸大，水大微生物生长繁殖快，升温、升酸幅度大，造成温高酸高；水分过大，不疏松，升温困难，易产生"包心"。加水量过少，曲坯不易黏合，造成散落过多，另外曲坯干得过快，使微生物丧失充分的繁殖机会。

10. 关于母曲的添加和使用

一是需要质量好的成曲，二是要根据不同气候条件，确定合适的使用量。前一年生产出的好成曲，单独存放，确保通风、不受潮、不受感染、不受虫蛀等为宜。在投入生产前，先对母曲进行感官检查，如颜色、气味，特别是有霉变等异香异味的切忌使用。如不按季节要求投料母曲，会使曲坯的含菌数不足或过量，影响大曲的培养及糖化发酵，特别是冬春季节，由于气温偏低，微生物的生长代谢及繁殖速度减弱，直接影响曲坯的品温及最高顶温的控制，因此在实际生产过程中需要加大母曲的使用量和拌料的用水温度，以实现正常生产工艺所需要的温度条件。

11. 铺一层谷糠的作用

先在地面上铺一层谷糠，厚 5~10cm，以起保温作用和接种微生物的作用，然后曲坯"三横三竖"相间排列，坯之间约 2cm 间距，并由草帘（或散谷草）隔开，促进霉衣生长。

12. 盖草与洒水

由于一年四季气候的不同，空气及曲房内的湿度也不尽相同，因此对发酵室内的空气湿度必须进行控制和调整。在夏秋季节气候干燥时，为了增大环境湿度，应根据空气的干燥程度适当喷洒水，喷洒在墙壁、草帘上，并考虑室温的高低，确定洒水的温度和水量，室温高时可适当多洒一些，以草帘不滴水不流入曲坯为适宜；在冬季气温较低时，可用 60~80℃热水喷洒，借以提高环境温度及曲坯上和室内空气的湿度。

13. 酱香型高温大曲与浓香型中温大曲微生物数量与酶活性比较

酱香型高温大曲与浓香型中温大曲微生物数量与酶活性比较见表2-1。

表2-1　酱香型高温大曲与浓香型中温大曲微生物数量与酶活性比较

样品	细菌总数/ （个/g）	芽孢菌/ （个/g）	酵母菌/ （个/g）	霉菌/ （个/g）	糖化酶活力/U
高温成曲皮	4×10^7	1×10^7	<10	4.2×10^4	1.56
高温成曲皮	4×10^5	2×10^5	<10	8×10^5	1.401
中温成曲皮	3.2×10^4	5.6×10^4	1.76×10^2	3×10^3	17.6
中温成曲皮	6.2×10^2	5.6×10^2	1.1×10^2	8×10	2.34

资料来源：高温大曲在酱香型酒酿造中的作用及标准浅说，《四川食品科技》1995年第3期。

从表2-1中可以看出，高温大曲与中温大曲相比，细菌、枯草芽孢杆菌、霉菌在数量上要比中温大曲多得多，但酵母菌中温大曲比高温大曲多得多。在酶活性方面，中温大曲比高温大曲高得多。从作用条件上说，枯草芽孢杆菌产生的液化型淀粉酶的最适温度为85~94℃，黑曲霉、红曲霉产生的糖化型淀粉酶的最适温度为60~65℃，都需要高温。

14. 第一次翻曲时间的尺度把握和时机

翻曲操作主要是调温调湿，促使曲坯发酵均匀与干燥程度一致。

翻曲时机的掌握：时间过早，曲坯品温低，致使成品大曲中白色曲多；过迟，黑色曲多；适中，黄色曲多，成品曲质量佳。

翻曲的主要依据是以曲坯温度来确定时间，目的是调节温湿度，补给发酵室内的氧气，使每块曲坯均匀成熟。

翻曲时的注意事项：尽量将湿草帘取出，地面及曲坯间应垫以干草，为加快曲坯的成熟与干燥，便于空气流通，可将曲坯的行距加大，竖直堆曲。

15. 为什么需要经过贮存才能投入生产环节

传统生产中必须使用陈曲，因为在贮存过程中，曲坯中的大量产酸菌，特别是乳酸菌，丧失繁殖能力，微生物酶活力降低，有利于酿酒时升酸、升温速度的控制，避免发酵太快太猛。

16. 对贮存环境条件的要求

保持贮存室内的干燥、通风，有防潮、换气、防（治）虫等措施和设备，保证在库大曲产品的质量。

17. 感官标准（以某酒生产企业为例）

优级：黑色和深褐色、金黄曲较多，白色少，酱香味纯正突出，菌丝生长均匀，无缺边掉角，无焦煳味，皮张薄。

一级：黑色和深褐色、金黄曲较多，灰白色或白色曲较少，酱香味纯正较突出，菌丝生长较均匀，允许少许断裂、变形、缺边掉角，略有焦煳味，皮张较薄。

二级：黑色、白色曲较多，少许灰白色，允许少量断裂、变形、缺边掉角，略有异香异味，皮张较厚。

18. 理化指标标准（以某酒生产企业为例）

某酒生产企业大曲理化指标标准见表2-2。

表2-2　　　　　　　　某酒生产企业大曲理化指标标准

	水分/%	春秋夏季<14，冬季<15		
	质量等级	优级	一级	二级
理化标准	糖化力/[mg葡萄糖/(g·h)]	150~200	200~400	300~500
	酸度/%	≤1.9	≤1.8	≤1.6
	发酵力 [gCO$_2$/(g·72h)]	≥250	150~200	≤100
	液化力/[g淀粉/(g·h)]	≥1.0	≥0.8	≥0.5

19. 水分轻重对大曲质量的影响比较

以郎酒为例，其不同制曲条件对曲质量的影响见表2-3。

表2-3　　　　　　　郎酒在不同制曲条件下对曲质量的影响

曲样	温度/℃		成曲感官	成曲香味	糖化力/[mg葡萄糖/(g·h)]
重水曲	第1次翻曲	52~55	黑色和深褐色，几乎没有白色	酱香好，带焦煳香	160
	第2次翻曲	65~70			
	第3次翻曲	55左右			
轻水曲	第1次翻曲	50~55	白色较多，黑黄曲很少	曲色不匀，曲香淡，大部分无酱香，部分带霉酸味	300以上
	第2次翻曲	48~52			
	第3次翻曲	45左右			
对照曲	第1次翻曲	62~65	黑色和深褐色和黄曲较多，白色少	酱香、曲香均好	230~280
	第2次翻曲	58~62			
	第3次翻曲	50左右			

20. 常见酱香型大曲的病害

（1）曲皮发黑、曲块呈枯臭味，糖化力低　主要是因为曲坯长期处于高温、高湿的环境下，通过翻曲、通风排潮予以解决，特别是夏秋季节，应适当调节曲坯间距和延长排潮时间和次数。

（2）白色曲多　主要见于曲堆上层和边层，糖化力较高，发酵力高，酯化力、液化力较低，以浓香为主。主要是曲坯的温度过低造成的，可通过翻曲手段及时调节曲坯的位置，并加强曲堆外层的保温解决，主要在冬春季节容易出现，因此应优化翻曲的时间，避免后火过小过快下降。

（3）生心或曲心未干　出室时曲心断面水分较高，或有生面呈乳白色，其香气弱，基本无酱香。曲料过粗或前期温度过高，使表面水分蒸发过快，或后火过小，水分不能走完，导致微生物不能生长繁殖。通过控制粉料细度、前期温度、后期保温措施进行控制，特别是冬春季节更应加强管理和防范。

（4）不穿衣　曲坯入房2~3d，仍未见表面生出白斑菌丛，即称为不生霉或不生衣。主要是皮厚或室温极低造成的，在冬春季节通过揭开草帘，散热或再喷洒40℃的温水，至曲块表面湿润为止，然后关上门窗，注意保潮，使其发热上霉或加大母曲的使用量及掌握好晾霉时间等手段调节。

（5）皮厚　皮张厚不利于微生物的着落，主要是晾霉时间过长，曲表面水分挥发太多所致。通过晾霉时间的控制，生产现场以手摸不发黏为准即可入曲房。

（6）烟熏味　其质量很差，主要是曲坯水分过大和排潮翻曲不当造成的，通过控制拌料水分来控制曲坯的含水量，应严格控制冬春季节与夏秋季节的曲坯水分，根据曲坯的含水量和品温决定翻曲的有效时间。

（7）感染青霉　从闻香上能够明显感觉有青霉味，颜色呈绿青色，主要是后期后火小造成的，可通过提前堆烧和加强后期的保温措施进行控制，还应关注曲坯的品温、搭盖塑料编织袋等手段，避免返潮。

三、实践操作

【步骤一】生产准备
同本项目任务一步骤一。

【步骤二】原料的粉碎

1. 原料检查

检查小麦的感官质量，如发现杂质含量超标，须安排除尘、除杂生产工序。

2. 润麦

加入3%~5%的水，水温65~85℃，边拌和边加水，翻拌至少2次以上，要求润水均匀，拌和完毕后收拢堆闷3~4h。润麦的效果达到小麦表皮略湿润、中心干白，用牙咬不粘牙，内心有干脆响声。

3. 粉碎

用对辊式磨粉机进行粉碎，通过粉碎操作工序，使小麦成为"心烂皮不烂"的梅花瓣状。要求粉碎度（通过 20 目筛）为细粉占 40%～50%，粗粉占 50%～60%。

【步骤三】拌和

1. 母曲的准备

母曲用量：夏季 4%～6%，冬季为 5%～8%，母曲应用前一年生产的优质陈曲。

2. 拌料时加水量

加水量为一般原料的 22%～30%。拌料要求：用料准确、拌料水均匀，无疙瘩、无水眼、无灰包、无生面现象，拌料后堆焖 5～10min。否则，造成曲坯结构松紧不一、内含生面，发生曲坯断裂现象，其中裂缝是感染青霉菌的主要途径。

【步骤四】曲坯成型

1. 制曲盒子的准备

规格尺寸为（25～38）cm×（22～25）cm×（6～8）cm，每块曲坯的质量为 6.5～7.5kg，将制曲盒子（曲模）清洗干净，并检查制曲盒子有无损坏、销子有无脱落等情况。

2. 曲坯成型

分为机械成型和人工成型两种。人工成型即一人一个制曲盒子，站在制曲盒子上将曲料一次性装入制曲盒，制曲盒子四角的粉料要装紧、填满，首先用脚掌从中心踩一遍，再用脚跟沿边踩一遍，要求"紧、适、光"，边踩时用前脚掌剔除多余粉料，然后用脚沾点水从曲坯的中心向下滑（略形成 1～2cm 高的包包）两遍进行提浆成型。

成型的曲坯感官标准要求：四角整齐，不缺边掉角，松紧一致，提浆效果好。

3. 晾汗

成型的曲坯需在踩曲场晾置一段时间，晾置时间：冬春季（11、12，次年的 1、2、3、4 月）30～120min，夏秋季（5、6、7、8、9、10 月）30～90min 为适宜。晾汗后的曲坯感官标准为：以手的食中指在曲坯的表面轻压一下，不粘手即可进行转运环节。

4. 转运曲坯

转接过程中一定要轻拿轻放，避免损坏曲坯的形状；以每一小车次装曲坯不超过 20 块为宜。

5. 入室堆曲

曲房地面铺一层谷糠（5~10cm），检查曲房内的铺垫谷糠厚度是否满足生产要求，过厚或过薄必须提前进行调整。每间曲房排放三层，按"三横三竖"排列，排满一层后，在曲坯上铺一层草帘，厚3~5cm，但横竖与下层错列，四周离墙间隙8~15cm，曲坯间用细散谷草填塞，曲堆四周内层用细散谷草填塞，外层用厚草帘搭盖，安满一间曲房后，随即围盖上草帘、麻袋或塑料编织袋，插上温度计，以便检查品温，关闭门窗，并保证曲房内保持一定的温度、湿度。

【步骤五】堆积培养

酱香型大曲着重于"堆"，覆盖严密，保温保潮为主。堆积时应注意以下几点。

1. 第一次翻曲

曲堆经过搭盖糠草，洒水后，曲房马上关闭门窗，保温保湿，使微生物繁殖，使品温上升，曲堆内温度达63℃左右，夏季需5~6d，冬季需7~9d。当曲坯表面霉衣已长出，即可进行第一次翻曲，由3层变4~5层，曲房空气湿度大于90%时进行排潮，一般冬春季为20~40min，夏秋季为30~60min，根据潮气的大小，适当调整排潮次数，冬春季1~2次/天，夏秋季2~4次/天。

2. 第二次翻曲即合房堆积培养（堆烧）

第一次翻曲后再过7~8d，可进行第二次翻曲。将5~7间曲房的曲坯进行合房并堆拢加高，由原来的4~5层变6~8层，大火期曲坯温度应控制在60~63℃，翻曲后曲坯品温要下降8~12℃，6~7d后逐渐回到最高点，而后品温又逐渐下降，曲坯逐渐干燥。翻曲14~18d后可略微打开门窗，通风排潮。当曲坯经过40~55d培养后，曲坯品温接近室温，含水量小于15%即可拆曲。

【步骤六】储存

刚拆出曲房的大曲要经过3~6月的储存，才为成品曲，方可投入生产环节使用，俗称陈曲。

工作记录

工作岗位：　　　　　　　项目组成员：　　　　　　　指导教师：

项目编号		项目名称	
任务编号		任务名称	
生产日期		气温/湿度	
产品产量要求			
产品质量要求			

开工前检查

场地和设备名称	是否合格	不合格原因	整改措施	检查人
储曲房				
曲房				
制曲盒子				
制曲机械				
踩曲场				
晾堂				
小麦粉碎机				
搅拌机				
电源				
电控系统				
水源				
润料池				
运输装置				
手推车				
曲虫灯				
制曲盒子				
温度计				
筛盘				
称重计				
复核人：　　年　月　日		审核（指导教师）：　　　　　　　年　月　日		

物料领取

名称	规格	单位	数量	单价	领取人
小麦					
谷糠					
草帘					
其他物料					
复核人：　　　　　　年　月　日			审核（指导教师）：　　年　月　日		

工作过程记录

操作步骤		开始/结束时间	操作记录	偏差与处理	操作人/复核人
生产准备					
原料粉碎	原料检查				
	润料				
	粉碎				
拌和	母曲准备				
	拌料				
曲坯成型	制曲盒子的准备				
	成型				
	转运曲坯				
	入室堆曲				
堆积培养	第一次翻曲				
	第二次翻曲				
储存					
大曲质量检验	取样				
	感官质量判断				
	理化质量判断				
	大曲综合质量等级的确定				
场地清理					
设备维护					

成果记录

产品名称	数量	感官指标	理化指标	产品质量等级	产品市场估值/元
成品大曲					
复核人：　　　　年　月　日			审核（指导教师）：　　　　年　月　日		

四、工作笔记

1. 制作酱香型高温曲原料的种类及质量要求是什么？

_____

_____

_____

2. 酱香型高温曲培养的条件有哪些？请具体分析。

_____

_____

_____

3. 酱香型高温曲的制作流程是什么？

_____

_____

_____

4. 酱香型高温曲的制作的注意事项有哪些？

_____

_____

_____

5. 酱香型高温曲培养的条件有哪些？请具体分析。

_____

_____

_____

_____

6. 酱香型高温曲的病害及其防治有哪些？

_____

_____

_____

_____

7. 酱香型高温曲的品质标准是什么？如何判断？

_____

_____

_____

_____

8. 本项目碳排放数据收集，包括涉及的步骤和降耗降碳措施的探讨。

_____

_____

_____

_____

五、检查评估

（一）在线测验

模块二项目一测试题

请填写测验题答案：

_____

_____

_____

_____

（二）项目考核

1. 按照附录白酒酿造工和培菌制曲工国家职业技能标准（2019 年版）技能要求进行考核。

2. 依据工作记录各项目组进行互评。

3. 各项目组提交产品实物、成果记录表，并将照片上传到中国大学 MOOC，由指导教师评价。

六、传承与创新

酱香型大曲生产新方法探讨

酱香型高温大曲，重点在"堆积培养"上。高温条件下的物质变化有蛋白质的热分解、氨基酸的加热分解、糖与蛋白质的反应、糖与氨基酸的反应、糖的裂解生成物与氨基酸的反应等重要的还有在高温下发生的褐变反应。高温堆曲使高温曲中氨基酸（AA）含量高，高温促使酵母菌大量死亡。

耐高温芽孢杆菌在制曲后期高温阶段繁殖较快，少量耐高温的红曲霉也开始繁殖。

高温促进了微生物、香味物质的形成，高温加速了化学、生物化学反应的进行，曲坯每升高 10℃，各种酶反应速度也相应增加 1~2 倍，由于小麦含有较为丰富的蛋白质，经过酶解生成氨基酸，再与糖反应形成褐色物质，也赋予酱香型大曲特有的风味。所以在工艺参数上，提出高水分、高细度等要求，主要是维系高温的一个持续过程。

制曲微生物的变化为：所有微生物均是由表及里的过程，在低温培菌期微生物总量、种类达到高峰，中温期逐渐减少，高温期减少更为显著，主要是一些耐高热霉菌、芽孢杆菌为主，酵母菌几乎没有。同时，后火期是微生物进一步向内的生长过程，促进曲坯质量的均衡和完美。熊子书在《酱香型白酒酿造》中写道："据初步统计，从茅台制曲中分离出细菌 47 株、霉菌 29 株、酵母菌 19 株，共计 95 个菌株……尤其是嗜热芽孢杆菌和耐高温的霉菌有重要的作用。"在整个高温制曲过程中，细菌占绝对优势，一般占三大类微生物总数的 90% 以上。

酱香型高温大曲在酱香型白酒的生产中，使用量大，与粮食比例为 1∶1，针对上述情况，也可采取生产适当的中温大曲来减少使用量，确保发酵的正常进行，弥补高温大曲糖化力低的不足。在生产中可适当添加 3%~5% 的中偏高温大曲，改善用曲量，降低生产成本，又满足生产工艺的需要。

在酱香型高温大曲生产中接种红曲霉、枯草芽孢杆菌，从酱香型大曲中提取的嗜热芽孢杆菌等微生物，进行强化大曲的生产，优化大曲的功能，生产调味酒，提高原酒的质量。

如何关注酱香型高温大曲的香味物质的形成与理化指标情况？大曲制作过程中发生了非酶促化学反应（美拉德反应）及基本组分的热降解，从两种反应的条件而言，温度越高，时间越长，反应进行速度越快，产率越高，因而制曲温度的提高和中挺时间的延长是大曲中微量成分种类多、含量高的必要条件。中低温制曲，中挺时间短，即使发生非酶化学反应，也只能在进行美拉德反应的初级阶段生成各种醛类物质或呋喃、吡喃类化合物。吡嗪类、噻唑类化合物在后期高温下才能生成。

由于酱香型高温大曲其糖化力低，完全使用高温大曲，必然影响出酒率，也不利于香味物质的提取，所以在生产中，可根据自身产品的风格，将高温、中温曲混合使用或研究中温包包曲生产工艺技术参数。而中温包包曲是中温大曲的最佳（中温、高温大曲的）混合体，包包曲在培菌管理过程中有中温曲和中温曲，尤其高温曲可使细菌得以大量繁殖，液化力和蛋白水解力均有一定程度的增长。

课程资源

高温大曲的工艺流程

高温大曲原料预处理

高温大曲制作之拌料

高温大曲制作之拌料踩曲

酱香型大曲的生产准备

酱香型大曲的原料粉碎及曲坯成型

酱香型大曲的质量标准及病虫害

高温制曲对曲质的影响

提高制曲质量的技术措施

酱香型大曲的质量检验方法

酱香型大曲的生产探讨及三种大曲的特点

项目二　生沙操作和糙沙操作

一、任务分析

在酱香型白酒的生产工艺中，第一次投料称下沙，第二次投料称糙沙，投料后需经过八次发酵，每次发酵 1 个月左右，一个大周期约 10 个月。

生沙的操作和入窖后的发酵正常与否很大程度地影响下一步工序的发酵和产品质量，生沙操作要加强管理，各项指标的控制都要细致入微。

（1）工艺流程

（2）按 15 个人左右分成酿酒班组，完成分工后组织实施。

（3）本任务重点学习高粱和酒曲粉碎度的判断、蒸粮程度判断、水分控制、堆积发酵温度测定与控制、入窖条件控制。

二、知识学习

（一）线上预习

请扫描二维码学习以下内容：

全国劳模任金素：守正
创新传承民族工艺

生沙和糙沙操作

（二）重点知识

1. 原料粉碎

高粱在投料前处理备用。高粱经粉碎后称为"沙"，开始投料为"生沙"，其中碎粒占 20%，整粒占 80%，即粉碎度为二八成；第二次投料为"糙沙"，其粉碎度为三七成，即碎粒占 30%，整粒占 70%。但每粒高粱要经粉碎机压过较好，不让有"跑籽"，这样有利于吸水膨胀，利于蒸料糊化。不同季节的"生沙"和"糙沙"的粉碎度如表2-4所示。

表2-4　　　　　　　　　　高粱原料的粉碎度　　　　　　单位:%

类别 品名	生沙原料			糙沙原料		
	夏季	冬季	平均	夏季	冬季	平均
碎　粒	20.40	16.20	18.30	34.90	32.88	33.89
整　粒	75.40	75.40	75.40	59.12	61.12	60.12
种　壳	3.40	8.00	5.70	5.38	5.52	5.44
杂　粮	0.80	0.40	0.60	0.60	0.52	0.55

从表2-4可以看出，高粱的粉碎度符合酿酒工艺要求。茅台酒以带壳高粱为原料，其中种壳为5%左右，在操作中起到疏松作用。

2. 麦曲粉碎

麦曲先用木锤或排牙滚碎机打碎成颗粒状，然后用滚筒磨粉机磨细，连续进行2次，使其成粉末。麦曲的细度是越细越好，这样熟沙容易被黏附，有利于糖化发酵作用。

表2-5是麦曲粉碎度的测定结果。从表2-5可以看出，麦曲的粉碎度，夏季应较细，冬季要粗些。

表2-5　　　　　　　　　　麦曲的粉碎度　　　　　　　　单位:%

季节 铜筛规格	夏季	冬季	季节 铜筛规格	夏季	冬季
未通过20目孔筛	3.20	18.20	未通过100目孔筛	6.25	4.50
未通过40目孔筛	23.55	27.62	未通过120目孔筛	4.40	3.53
未通过60目孔筛	17.85	12.55	通过120目孔筛	37.95	29.20
未通过80目孔筛	6.80	4.40			

三、实践操作

【步骤一】原辅料的处理和生产准备

1. 原料准备和感官鉴别

酱香型白酒采用单一粮食（红高粱）原料酿造，对原料的选择有较高的要求，在原料选取上要按照一定标准进行选择。

酿制酱香型白酒原料最基本的要求是：新鲜，无霉变和杂质，淀粉或糖分含量较高，含蛋白质适量，脂肪含量极少，单宁含量适当，并含有多种维生素及无机元素，果胶质含量越少越好。

使用眼、手、牙对原料进行感官鉴别，按要求对原辅料使用相关设备进行选取和验收，对合格品进行区分和标记。

2. 原料和大曲粉碎

检查粉碎设备是否正常，按要求调节粉碎机，控制粉碎细度。

3. 清洁工作

对现场的各类设备设施试运行与清洁工作，防止各类杂菌的感染而影响生产。

【步骤二】生沙操作

1. 润粮（发水）

酱香型白酒生产的第一次投料称为下沙。每甑投高粱 350kg，下沙的投料量占总投料量的 50%。

每甑称取粉碎高粱（生沙）后，放于甑边的晾堂上，用 90℃以上热水润粮，此步骤称为发水。发水量视原料干湿和季节气候而定，水温要高，淀粉粒吸收水分快，表皮易"收汗"。发水时用木锨边泼边糙，使其吸水均匀，堆积 2~2.5h，再进行第 2 次发水，发水方法与第 1 次相同，共计发水量占粮食质量的 42%~48%，堆积 7~9h。发水时应避免淋浆流失，要求均匀一致。每次生沙发水，开始润粮 2 甑，使用 1 甑。

2. 配料（糙母糟）

生沙上甑以前，必须添加出窖酒糟，又称"发酵糟"，即未经蒸酒的酒醅。每甑加母糟约为原粮质量的 8%。出窖酒糟糟是第六、七轮的发酵糟，添加时用木锨翻糙 2~3 次，使拌和均匀，不结团块。

3. 蒸粮（蒸生沙）

每次上甑前，先在甑箅上撒稻壳约 1kg，待上汽后用簸箕装甑，见汽就装。将生沙轻匀地装入甑内，一定要保持疏松，使上汽均匀，并使甑内生沙四周高、中心低，呈锅底形，装甑约 1h，圆汽后加盖，以大火进行蒸粮。

蒸粮时间视高粱品种、干湿程度和火力大小而定，一般蒸 2~3h 约七成熟，其余两到三成为硬心或白心，不宜过熟，即可出甑。出甑熟沙要带香气，"收汗"利落。

4. 泼量水

将蒸好的熟沙从甑内取出，堆于晾堂，用天锅或冷却器的热水（称为"量水"）泼入熟沙堆上，边泼边翻糙，翻糙共计 3 次，使其均匀。量水的功用是使熟沙保持一定的水分，促进糖化发酵的正常进行。量水用量为原粮的10%~12%，水质要清洁，水温要高，达90℃左右，以便钝化水中的杂菌，也有利于淀粉粒更快吸水，达到适当的含水量。

5. 摊晾

熟沙泼量水后，摊于晾堂上，翻铲成行，使其温度降低。必要时用电风扇吹凉，可缩短摊晾时间。但电风扇的位置应经常移动，不可直接吹摊晾的熟沙，避免降温不均匀。

6. 洒酒尾

当熟沙摊晾到适宜温度，收拢成堆，用喷壶洒入次品酒，主要是丢糟酒，又称酒尾（酒精30%vol），边洒酒尾边翻糙，使其拌和均匀。

洒酒尾的目的为：由于熟沙撒曲后暴露在空气中进行堆积，洒酒尾可抑制有害微生物的繁殖，促进淀粉酶和酒化酶的活力，以利于糖化发酵和产生香味物质。

7. 撒曲

熟沙品温降至30~35℃时，开始撒麦曲粉，占原粮的10%~12%。撒曲量要根据麦曲质量和季节气温而定，冬季多用，夏季少用。撒曲时不要高扬，以防麦曲粉飞扬损失，并翻拌均匀，使熟沙都粘有麦曲粉。

8. 堆积

堆积是酱香型白酒生产特殊而重要的工艺步骤，主要是为网罗筛选微生物，起到培菌增香的作用。堆积前先测醅料的品温，然后收堆，收堆温度约30℃。第1次收堆前，先在堆积地面上撒麦曲粉2.5kg，以中心向外堆积。因堆积可使"熟沙"暴露在空气中，使麦曲中微生物繁殖，因此堆积起了培菌作用，有利于糖化发酵产生酱香味。堆积时间必须结合季节、气候和收堆温度来掌握。要求堆成圆形，冬季堆高，夏季堆矮，堆积时间为2~4d。熟糟堆积时间要长，待顶部堆积品温达45~50℃，用手插入堆积糟内感到热手，即可下窖发酵。堆积糟过嫩或过老都不好，如果堆积糟过嫩，则产酒的香味不好；若堆积糟过老，则产酒风味不甜、糙辣、冲鼻或带酸苦等气味。

9. 烧窖

酱香型白酒的发酵窖称为酒窖，大小不一，老的酒窖长2.7m，宽2.0m，深2.6m，容积为14m³。窖用方块石和黏土砌成，外面再涂以黏土，窖底有排水沟，上面以红土筑成，每窖可投高粱850.0kg。新建大窖长3.8m，宽2.2m，深3.0m，容积为25.3m³，用砂条石砌成，窖底同样有排水沟，以红土筑成，每窖可投高粱11000~12000kg。

堆积糟下窖前要用木柴烧窖。烧窖目的是消灭窖内杂菌，提高窖内温度，并通过烧窖除去窖内在 1 年最后 1 轮发酵时产生的枯糟气味。烧窖木柴多少，应根据窖池大小、新旧程度、闲置时间和干湿情况等来决定，一般每个酒窖用木柴 50~100kg，烧窖时间为 1~2.5h。若是新建窖或长期停用窖可用木柴 1000kg 左右，烧窖在 24h 以上。烧完后的窖池待窖内温度稍降，就要扫净窖内灰烬，再将少量丢糟撒入窖底，随即扫除丢糟，将堆积糟下窖。

10. 下窖、发酵

堆积糟下窖前，用喷壶盛酒精度为 30% vol 的酒尾 15kg，喷洒于窖底和窖壁四周，再撒麦曲粉 15~20kg（称为底曲）。下窖时将堆积糟从一头用扒锨拌和，使其上、中、下各部稍加混合，再用簸箕或手推车倒入窖内。每下 2~3 甑堆积糟后，用喷壶洒酒尾 1 次，边下边洒，窖底宜少，逐渐由下而上加大酒尾用量，一般生沙操作的酒尾用量占原粮的 3% 左右。下窖操作时间宜短，防止杂菌感染，避免酒尾挥发，保持发酵温度正常。

堆积糟下窖完毕，将表面扒平，用木板轻轻压紧，撒薄薄的一层稻壳；再加两甑盖糟，用稀泥封窖，稀泥厚度在 4cm 以上。封窖用泥，每轮开始常需用新泥，整个大周期中途可加换 1 次。若原来的窖泥不臭，仍可继续使用或掺入新泥使用，要拌得柔和。泼盖糟和封泥的水，以清洁的冷水为佳。

堆积糟下窖后，在隔绝空气条件下进行厌气性发酵。要有专人负责管理，每天用泥板抹光窖的封泥，不让开口裂缝，否则空气进入窖内，发酵糟易长霉结成团块，这种现象称为"烧包、烧籽"，这对产品质量有很大的影响。

发酵时间最短为 30d，称为 1 个小生产周期，发酵温度在 35~43℃。

【步骤三】糙沙操作

1. 润粮

待第 1 轮下窖发酵 1 个月后，立即进行第 2 次投料，称为"糙沙"。每甑称取粉碎度为三七成的高粱，按处理生沙的比例计算用水，进行润粮，其操作与生沙操作相同。糙沙与生沙操作相同。糙沙与生沙原料各占一半。

2. 开窖

将封窖泥挖除，运至泥坑池内，再挖盖糟，运往丢糟处。扫净发酵糟上面的盖糟和泥块，每次在窖内起半甑发酵糟，与润好的新料拌和，共翻拌 3 次，使其混合均匀，再上甑蒸酒、蒸粮。

3. 蒸酒、蒸粮

糙沙上甑与生沙方法相同，上甑时间为 55~62min，装满甑后盖甑盖，接通冷却器蒸酒，开始火力不宜过大，蒸出的酒不多，有生涩味，称为"生沙酒"，可作次品酒回窖发酵用。蒸完酒后即进行蒸粮，蒸粮时间长达 4~5h，蒸过的粮食，其质量要求达到柔熟为好。

4. 堆积和发酵

蒸粮结束后，即可进行出甑、泼量水、摊晾、撒曲和堆积等工序。其工艺条件与生沙操作相同，然后下窖发酵。糙沙操作是将生沙的发酵糟，1 窖分成 2 窖蒸酒、蒸粮；下窖若下到原用酒窖，就不用再烧窖了。开窖起糟时，待起到窖底最末一甑发酵糟时，要同时准备好下窖的堆积糟，避免窖底暴露空气过久，影响产品质量。

5. 蒸糙沙酒

糙沙酒醅发酵时要注意品温、酸度、酒精度的变化情况。发酵一个月后，即可开窖蒸酒（烤酒）。

工作记录

工作岗位：　　　　　　　项目组成员：　　　　　　　指导教师：

项目编号		项目名称	
任务编号		任务名称	
生产日期		气温/湿度	
产品产量要求			
产品质量要求			

开工前检查

场地和设备名称	是否合格	不合格原因	整改措施	检查人
粉碎装置				
电源				
水源				
水源装置				
运输装置				
拌料装置				
起糟装置				
蒸馏装置				

复核人：　　年　月　日　　审核（指导教师）：　　　　　　年　月　日

物料领取

名称	规格	单位	数量	单价	领取人
大曲					
高粱					
复核人：		年 月 日	审核（指导教师）：		年 月 日

工作过程记录

操作步骤	开始/结束时间	操作记录	偏差与处理	操作人/复核人
粉碎				
生沙操作				
堆积发酵				
糙沙操作				
发酵管理				
场地清理				
设备维护				

成果记录

产品名称	数量	感官指标	理化指标	产品质量等级	产品市场估值（元）
生沙酒					
糙沙酒					
复核人：		年 月 日	审核（指导教师）：		年 月 日

四、工作笔记

1. 原料粉碎粒度对酱香型白酒的发酵有何影响？

_____

_____

_____

2. 如何判断蒸粮程度？

_____

_____

_____

3. 本项目碳排放数据收集，包括涉及的步骤和降耗降碳措施的探讨。

_____

_____

_____

五、检查评估

（一）在线测验

模块二项目二测试题

请填写测验题答案：

_____

_____

_____

_____

（二）项目考核

1. 依据工作记录各项目组进行互评。

2. 各项目组提交成果记录表，并将照片上传到中国大学 MOOC，由指导教师评价。

六、传承与创新

酱香型白酒工艺探讨

酱香型白酒也称茅香型白酒，以贵州茅台酒为代表，属大曲酒类。其酒体具有酱香突出、幽雅细致、酒体醇厚、回味悠长、清澈透明、色泽微黄等特征。在所有的白酒中，酱香型白酒所含的总酸是相当高的一种，可达 2.0g/L（以乙酸计）以上，其发酵容器是石壁泥底窖池。酒体主体香成分不明确，对于其主体香物质说法主要有以下五种：①4-乙基愈创木酚说；②吡嗪及加热香气说，认为生成酱香物质的途径有：a. 氨基酸的加热分解；b. 蛋白质加热分解；c. 糖与蛋白质反应等 7 种途径；③呋喃类和吡喃类说，该学说认为形成酱香的物质共有呋喃酮、吡喃酮类等 23 种；④糖醛、苯醛、乙二甲基丁醛等 10 种特征成分说；⑤高沸点酸性物质说。

酱香型白酒的生产工艺可以概括如下：两次投料，九次蒸煮，八次发酵，七次取酒，长时间贮藏，精心勾兑而成。两次投料指下沙和糙沙两次投料操作。

酱香型白酒酿造工艺流程如下图所示。

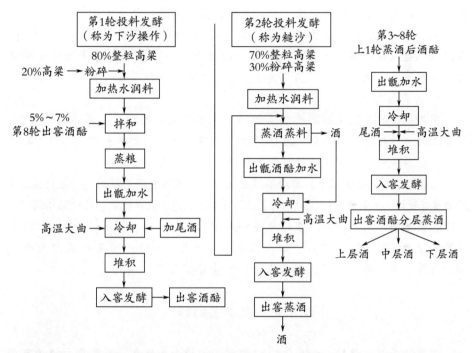

酱香型白酒的生产工艺特点可以概括如下：四高两长，一大一多。四高：高温制曲、高温堆积、高温发酵、高温流酒。两长：生产周期长，历经一年；贮藏时间长，一般需要贮藏 3 年以上。一大：用曲量大，用曲量与粮食质量比达到 1：1。一多：多轮次发酵，即八轮次发酵。

在酱香型白酒的生产工艺中，第一次投料称为下沙，第二次投料称为糙沙，投料后需经过八次发酵，每次发酵一个月左右，一个大周期约 10 个月。

1. 下沙

于每年的 9 月重阳节开始下沙。将原料高粱按比例粉碎好后，堆积于晾堂甑桶边，将堆积润粮后的高粱拌和，拌和均匀后上甑，蒸粮 2～3h，使粮食有七成熟，在出甑之前，泼上热水（称为量水）后出甑。

将蒸好的原料铺于晾堂摊晾至适宜温度，洒适量酒尾，加入高温大曲粉，进行发酵。

2. 糙沙

取出窖内发酵好的生沙酒醅，与粉碎、润好后的高粱（高粱润粮操作与生沙相同）按照 1：1 拌和均匀后装甑，混蒸，蒸粮蒸酒，所得的酒即为生沙酒（生沙酒因其酒体杂、涩味重、带有霉味等原因而回窖发酵）。将蒸好的原粮摊晾后加入适量酒尾（生沙酒加水配成）、高温大曲粉拌匀，入窖池发酵后开窖蒸酒。

3. 七次取酒

将糙沙轮次入窖发酵好的糟醅从窖内起出，堆于甑桶旁，糟醅不再添加新料，按照窖内糟醅的不同层次，分层蒸酒，高温流酒，掐头去尾。

蒸酒结束后，将糟醅出甑摊晾，加尾酒和大曲粉，拌匀后起堆堆积发酵，高温堆积后入窖发酵，一个月后开窖，按窖内上、中、下 3 层将糟醅分别起出，分层蒸酒，高温流酒，掐头去尾，量质摘酒，分等存放。

4. 贮存与勾兑

蒸馏所得的各轮次酒酒质不尽相同，在这 7 次取酒中，从原酒的质量看，前 2 次的酒质较差，酱香弱，酒体单薄，呈现霉味、生涩味较重。第 3、4、5 次酒，酒质较好，第 6 次酒带有较好的焦香，第 7 次酒出酒率低。

在各轮次的蒸酒过程中，窖内不同层次的酒体风格也不尽相同，一般来说，上层酒酱香较好，中层酒比较醇甜，而下层酒窖底香较好，故在蒸酒时应分层蒸酒。

根据不同轮次，不同类型的原酒要分开贮存于容器中，分别贮存。经过三年陈化使酒味醇和，绵柔。将贮存三年后的原酒，经精心勾兑而成"酱香浓郁，醇厚净爽，幽雅细腻，回味悠长"的酱香型白酒。

浓香型白酒工艺的探究

浓香型白酒又称泸香型白酒，以泸州老窖特曲为代表。浓香型白酒具有芳香浓郁、绵柔甘洌、香味协调、入口甜、落口绵、尾净余长等特点，这也是判断浓香型白酒酒质优劣的主要依据。构成浓香型白酒典型风格的主体香气成分是己酸乙酯，发酵容器为泥窖，采取续糟配料的投料方式发酵，故有"千年老窖万年糟，老窖酿酒，格外生香"之说，强调了泥窖对酿酒的重要作用。

浓香型白酒工艺如下。

1. 原料处理

浓香型白酒生产所使用的原料主要是高粱，但也有少数酒厂使用多种谷物原料混合酿酒。浓香型白酒采用续糟法工艺，原料要经过多次发酵，所以不必粉碎过细，仅要求每粒高粱破碎成 4~6 瓣即可。

2. 出窖

采用经多次循环发酵的酒醅（母糟、老糟）进行配料，人们把这种糟称为"万年糟"。"千年老窖万年糟"这句话，充分说明浓香型白酒的质量与窖、糟有着密切关系。起糟出窖时，先将黄水抽尽，这种操作称为"滴窖降酸"和"滴窖降水"。除去窖皮泥，起出面糟，再起粮糟（母糟）。在起母糟之前，堆糟坝要彻底清扫干净，以免母糟受到污染。

3. 配料、拌和

配料主要控制粮醅比和粮糠比，蒸料后要控制粮曲比。配料首先要以甑和窖的容积为依据，同时要根据季节变化适当进行调整。配料时要加入较多的母糟，其作用是调节酸度和淀粉浓度，为下排的糖化发酵创造适宜的条件。

增加母糟发酵次数，使其中的残余淀粉得到充分利用，并使酒醅有更多的机会与窖泥接触，多产生香味物质。

配料要做到"稳、准、细、净"。对原料用量、配醅加糠的数量比例等要严格控制，并根据原料性质、气候条件进行必要的调节，尽量保证发酵的稳定。

4. 蒸酒蒸粮

典型的浓香型白酒蒸馏是采用混蒸混烧，原料的蒸煮和酒的蒸馏在甑内同时进行。一般先蒸面糟、后蒸粮糟。蒸馏时要中温流酒。然后加大火力蒸粮，以促进原料淀粉糊化。蒸粮要求原料柔熟不腻，内无生心，外无黏连。在蒸酒过程中，原料和酒醅都受到灭菌处理，并把粮香也蒸入成品酒内。

5. 打量水、摊晾、撒曲

根据发酵基本原理，糊化以后的淀粉物质，必须在充分吸水以后才能被酶作用，转化生成可发酵性糖，再由糖转化生成酒精。因此粮糟蒸馏后，需立即加入85℃以上的热水，这一操作称为"打量水"。

摊晾后的粮糟应加入适量大曲粉，提供发酵微生物。撒曲后要翻拌均匀，才能入窖发酵。

6. 封窖发酵

待糟醅入窖完毕后，在其表面覆盖6~10cm的封窖泥。封窖泥是用优质黄泥和它的窖皮泥踩柔熟而成的。将泥抹平、抹光，以后每天清窖一次，提高酒糟中的香味物质含量，待糟醅发酵好后将其取出，开始蒸粮蒸酒，即又开始了一个新的酿酒循环。

酱香型白酒与浓香型白酒关键工艺对照见下表。

表2-6　　　　　　　酱香型白酒与浓香型白酒关键工艺对照

项目	酱香型白酒	浓香型白酒
发酵容器	石壁泥底	泥窖
原料	高粱	高粱或多粮混合

续表

项目	酱香型白酒	浓香型白酒
曲药	高温大曲	中温大曲
用曲量	100%（8个轮次）	18%~20%（每轮）
配料方式	两次投料	续糟配料
糟醅	发酵8轮后作为丢糟	万年糟（循环利用）
入窖温度/℃	28~32	18~22
发酵温度/℃	28~45	18~35
流酒温度/℃	35~40	25~35
主体香	不明确	己酸乙酯
堆积	高温堆积（关键工艺）	不堆积
用糠量	不超过10%（8个轮次合计）	18%~25%
口感特征	酱香突出、幽雅细致、酒体醇厚、回味悠长、清澈透明、色泽微黄	窖香浓郁、绵柔甘洌、香味协调、入口甜、落口绵、尾净余长

 课程资源

酱香型白酒酿造工艺-
高粱、大曲的粉碎

酱香型白酒酿造工艺-
高粱、大曲的粉碎微课

酱香型白酒酿造工艺-
糙沙（二次投料）

酱香型白酒酿造工艺-
下沙（PPT）

酱香型白酒酿造工艺-
堆积、烧窖（PPT）

酱香型酒酿造工艺-
堆积、烧窖微课

酱香型白酒酿造工艺-
堆积、发酵（PPT）

酱香型白酒酿造工艺-
堆积、发酵微课

酱香型白酒酿造工艺-
下沙微课

酱香型白酒酿造工艺-
堆积微课

项目三　熟糟操作

一、任务分析

酱香型白酒的生产，每年每窖只投 2 次新料，即生沙 1 次，糙沙 1 次。随后 6 个轮次不再投新料，只是将发酵糟（酒醅）反复蒸酒、出甑摊晾、撒曲堆积和下窖发酵，称为熟糟操作。熟糟操作决定了酱香型白酒原酒生产的产量和质量。不同轮次、不同糟层的酒质不相同，蒸馏出的原酒基本上分为三种类型，即醇甜型、酱香型和窖底香型。

本任务学习撒曲堆积、蒸馏取酒操作，重点掌握高温堆积、高温发酵、高温馏酒工艺操作和各轮次、各糟层酒质特征。

二、知识学习

（一）线上预习

请扫描二维码学习以下内容：

酱香型白酒的工艺特点
和风味特征

酱香型白酒熟糟操作

酱香型白酒生产流程

（二）重点知识

1. 酱香型白酒的生产特点

酱香型白酒生产 10 个月为一个周期，两次投料、八次发酵、七次流酒。从第三轮起后不再投入新料，但由于原料粉碎较粗，醅内淀粉含量较高，随着发酵轮次的增加，淀粉被逐步消耗，直至八次发酵结束，丢糟中淀粉含量仍在10%左右。

酱香型白酒发酵，大曲用量很高，用曲总量与投料总量比例高达1：1左右，各轮次发酵时的加曲量应视气温变化、淀粉含量以及酒质情况而调整。气温低，适当多用，气温高，适当少用。基本上控制在投料量的10%左右，其中第三、四、五轮次可适当多加些，而六、七、八轮次可适当减少用曲。

生产中每次蒸完酒后的酒醅经过扬凉、加曲后都要堆积发酵4~5d，其目的是使醅子更新、富集微生物，并使大曲中的霉菌、嗜热芽孢杆菌、酵母菌等进一步繁殖，起到二次制曲的作用。堆集品温到达45~50℃时，微生物已繁殖得较旺盛，再移入窖内进行发酵，使酿酒微生物占据绝对优势，保证发酵的正常进行，这是酱香型白酒生产独有的特点。

发酵时，糟醅采取原出原入，达到以醅养窖和以窖养醅的作用。每次醅子堆积发酵完后，准备入窖前都要用尾酒泼窖，保证发酵正常、产香良好。尾酒用量由开始时每窖15kg逐渐随发酵轮次增加而减少为每窖5kg。每轮酒醅都泼入尾酒，回沙发酵，加强产香。尾酒用量应根据上一轮产酒好坏，堆积时醅子的干湿程度而定，一般控制在每窖酒醅泼酒15kg以上，随着发酵轮次的增加，逐渐减少泼入的酒量，最后丢糟不泼尾酒。

2. 不同轮次酒质特点

不同轮次感官指标和酒精度见表2-7。

表2-7 不同轮次感官指标和酒精度

产酒轮次	感官标准	酒精度
一轮次	无色透明，无悬浮物；有酱香味，略有生粮味、涩味，微酸，后味微苦	≥57.0%vol
二轮次	无色透明，无悬浮物；有酱香味，味甜，后味干净，略有酸涩味	≥54.5%vol
三轮次	无色透明，无悬浮物；酱香味突出，醇和，尾净	≥53.5%vol
四轮次	无色透明，无悬浮物；酱香味突出，醇和，后味长	≥52.5%vol
五轮次	无色（微黄）透明，无悬浮物；酱香味突出，后味长，略有焦香味	≥52.5%vol
六轮次	无色（微黄）透明，无悬浮物；酱香味明显，后味长，略有焦煳味	≥52.0%vol
七轮次	无色（微黄）透明，无悬浮物；酱香味明显，后味长，有焦煳味	

三、实践操作

【步骤一】 开窖蒸酒

开窖起糟与糙沙操作相同,起糟不可过多。采取随起随蒸,一窖多甑的方法蒸酒。待起至窖底时留下1甑,并准备好上轮的堆积糟,出糟后立即将堆积糟下窖。一般从第4轮开始,蒸酒要加入少许清蒸稻壳,称为熟稻壳,随后的轮次逐渐增加稻壳用量,但每甑不得超过用粮质量的1.5%~1.8%,即每甑用量为7.5~9kg。流酒温度一般较高,量质摘酒,边摘边尝,凡带色,有生糠、酸涩、苦辣或其他不正常气味的酒,一律作酒尾回窖发酵用并截头去尾。蒸酒时间为16~36min,追酒尾时间8~16min,出甑糟尚含有酒精但其含量不足2%。

【步骤二】 摊晾撒曲

蒸酒出甑后,迅速将酒糟摊晾。为避免杂菌污染,应尽量缩短摊晾时间,待品温降至35℃,开始撒曲。根据不同轮次,每甑撒麦曲粉25~45kg,翻拌均匀,收拢进行堆积。撒曲用量所占粮的质量比为:生沙11%,糙沙18%,3、4轮13%,5轮11%,6轮7%,7轮6%,8轮5%,总用曲量为粮质量的84%~87%。根据各厂的具体情况,其用量稍有不同。

【步骤三】 堆积

起堆时,前两甑品温为34~36℃,其余收堆温度28~32℃。堆积操作与生沙、糙沙基本相同,但堆积时间较长,一般为78~96h。堆积时必须注意堆积位置、高矮和温度等,要求堆积糟疏松而含有较多空气,均匀一致。待堆积糟品温达40~50℃时,手摸表层已有热的感觉。堆积时要求品温不出糟醅表面,面上有土层硬壳,可闻到带甜的酒香气味,此时即可下窖发酵。

【步骤四】 下窖发酵

发酵酒窖一般使用原窖,下窖前每次用酒尾泼窖。根据不同轮次,酒尾从15kg减少至5kg,底曲用量约15kg,熟糟操作与前述相同。堆积糟下窖时洒酒尾的用量多少不一,视上轮产酒好坏、堆积糟干湿而定,常用酒尾调节。除最后一轮丢糟酒不洒或少洒酒尾外,其他轮次由多到少,从25kg减少至15kg。下窖时用稀泥密封,严禁踩窖。防止封窖泥有裂缝现象,每轮发酵时间为30~33d。

【步骤五】 上甑蒸酒

上甑操作与产酒质量关系相当密切。操作必须细致,做到疏松均匀,不压汽,不跑汽,缓慢蒸酒,流酒温度高,高时可达40℃以上。摘酒是根据流酒的香味和酒精含量相结合,一般入库酒的酒精度为54%~57%vol。从蒸出酒的质量看,第2轮的糙沙酒稍带生涩味;第3、4、5轮酒称为"大回酒",质量较好；第 6 轮酒又称"小回酒"；第 7、8 轮酒分别为"枯糟酒"和"丢糟酒"，稍带枯糟和焦苦味；丢糟酒也作酒尾回窖发酵用。

酒窖中发酵糟因所处部位不同，所产酒的质量和风味常有差异，可分为酱香、醇甜和窖底香 3 种单型酒。酱香酒是决定香型的关键。酱香酒在窖池中部和窖顶发酵糟产生较多；窖底香酒由窖底靠近窖泥的发酵糟所产生；位于窖池中部的发酵糟，一般不产生酱香或窖底香的酒，就为醇甜酒，此种单型酒产量较多。现将窖内不同层次发酵糟蒸馏酒的口感列于下表中。

表 2-8　　　　　　　　不同层次发酵糟蒸馏酒的口感

酒样名称	酒质口感评语
上层糟的酒	酱香突出，微带曲香，稍杂，风格好
中层糟的酒	具有浓厚香气，略带酱香，入口绵甜
下层糟的酒	窖香浓郁，并带有明显的酱香

蒸酒时可根据窖内不同层次的发酵糟，分别进行上甑蒸酒，按质摘酒，分开装坛。经感官鉴定后，按香型入库，于传统陶坛中贮存，一般需要贮存 3 年以上，称为陈酿。

工作记录

工作岗位：　　　　　　　项目组成员：　　　　　　　指导教师：

项目编号		项目名称	
任务编号		任务名称	
生产日期		气温/湿度	
产品产量要求			
产品质量要求			

开工前检查

场地和设备名称	是否合格	不合格原因	整改措施	检查人
电源				
水源				
水源装置				

续表

场地和设备名称	是否合格	不合格原因	整改措施	检查人
运输装置				
拌料装置				
起糟装置				
蒸馏装置				
摊晾装置				
复核人： 年 月 日		审核（指导教师）： 年 月 日		

物料领取

名称	规格	单位	数量	单价	领取人
大曲					
糟醅					
复核人： 年 月 日			审核（指导教师）： 年 月 日		

工作过程记录

操作步骤	开始/结束时间	操作记录	偏差与处理	操作人/复核人
开窖操作				
拌料操作				
上甑发酵				
蒸馏操作				
摊晾管理				
堆积发酵				
下窖封窖				
发酵管理				
场地清理				
设备维护				

成果记录

产品名称	数量	感官指标	理化指标	产品质量等级	产品市场估值（元）
大回酒					
小回酒					
枯糟酒					
丢糟酒					
复核人：　　　年　月　日			审核（指导教师）：　　　年　月　日		

四、工作笔记

1. 为什么说"高温"是酱香型白酒生产的主要特点？

_____

_____

_____

_____

2. 谈谈影响酱香型原酒产量和质量的关键控制点。

_____

_____

_____

_____

3. 应从哪些方面进行堆积发酵的控制？

_____

_____

_____

_____

4. 本项目碳排放数据收集，包括涉及的步骤和降耗降碳措施的探讨。

_____

_____

_____

_____

五、检查评估

(一) 在线测验

模块二项目三测试题

请填写测验题答案：

_____

_____

_____

_____

(二) 项目考核

1. 依据工作记录各项目组进行互评。

2. 各项目组提交成果记录表，并将照片上传到中国大学 MOOC，由指导教师评价。

3. 根据生产数据在数字化生产管理软件中填写的完整性和分析结果的准确性进行综合评价。

六、传承与创新

酱香大曲酒生产工艺关键环节的研究

酱香大曲酒具有"酱香突出、幽雅细腻、酒体醇厚、空杯留香持久"的风格质量特点，是目前深受消费者青睐的产品，其特殊的风格来自于其独特的酿造工艺和酿造方法。赤水河流域的酱香大曲酒生产，受环境的影响，季节性强，端午踩曲、重阳投料。每年农历五月端午小麦成熟开始制曲，到9月高粱成熟开始下沙投料，制好的曲要放半年后再酿酒，发酵30d后进行糙沙，投第2次料。由于茅台镇得天独厚的气候地理条件，形成了制曲温度高、晾堂堆积发酵温度高、窖池发酵温度高、馏酒温度高、生产周期长、贮存时间长、用曲量大、八轮次发酵、七轮次取酒等白酒工业中独一无二的酿酒工艺。正是这种独具的酿造工艺特点，使其香味成分无论在种类或者在含量上均遥居其他香型酒之上，自身不同轮次基酒也独具一格。在生产上，每一个关键环节都决定着茅台地区酱香型大曲酒的风格及产量、质量。

1. 高温制曲是提高酱香大曲酒风格质量的基础

"曲为酒之骨，曲定酒型，好曲产好酒。"酿造好酒须有好的曲药，曲药对酒的风格和提高酒质起着决定性的作用。高温制曲则是酱香型酒特殊的工艺之一。其特点：一是制曲温度高，品温最高可达65~68℃；二是成品曲糖化力低，用曲量大，与酿酒原料之比为1:1；三是成品曲的香气是酱香型酒香味的主要来源之一。酱香型酒用的高温曲以小麦为原料，其本身含有大量的酶和蛋白质，制曲过程中淀粉转化为糖，蛋白质分解成氨基酸，高温条件下氨基酸和还原型单糖发生美拉德反应生成酱香物质，主要成分为醛、酮类和吡嗪类化合物，还有氨基酸脱氨、脱羧反应形成许多的高级醇，是白酒香味的前体物质。在制曲生产上影响曲药质量的因素主要有制曲水分、制曲温度高低以及培菌管理等。

（1）制曲温度高是制曲的关键　制曲过程中，在曲坯水分和温度合适的条件下，氨基酸与糖作用产生美拉德反应，使曲坯颜色加深，生成酱香物质。在制曲过程中必须加强培菌管理，保证制曲所需达到的理想温度，促进各种生化反应，同时满足所需耐高温微生物种群的生长，产生各种酶和酱香物质。高温曲生产发酵过程必须合理"堆"曲，加盖稻草保温。曲坯在发酵室的堆放应横3块、竖3块，相间排列，曲坯间距一般冬季为1.5~2cm，夏季为2~3cm，用稻草隔开。曲坯层与层间铺上稻草，厚约7cm。上下两层曲坯的横竖排列应错开，以便空气流通。曲堆高一般4~5层，再排第2行，曲坯堆好后，用稻草覆盖曲坯上面及四周，保温、保湿培养。当曲坯温度达到65℃左右时，即可进行第1次翻曲。7d后，第2次翻曲。翻曲要上下、内外层对调。酱香型酒曲特别强调曲香。曲坯入房后2~3d，品温上升到55~58℃，曲坯变软，颜色变深，同时散发出甜酒酿样的醇香和酸味，此时为升温生酸期。生酸可防止某些酸败菌的生长，使曲不馊不臭；升温有利于高温细菌的繁殖，并在繁殖过程中产生热量，使整个制曲过程持续高温。曲坯入房后3~4d，即可闻到浓厚的酱香味。到7d翻曲时，曲色变深，酱味变浓，少数曲块黄白交界的接触部位开始有轻微的曲香，这是酱香味的形成阶段。此时，细菌占优势，霉菌受抑制，酵母菌逐渐被淘汰。曲块进房14d，也就是第二次翻曲时，除部分高温曲块外，大部分曲块均可闻到曲香，但香味不够浓厚，此时仍是细菌占绝对优势。在整个高温阶段，嗜热芽孢杆菌对制曲原料中蛋白质的分解能力和水解淀粉的能力都很强，为曲的酱香形成起着极其重要的作用。2次翻曲后，曲坯逐渐进入干燥期，曲坯在干燥过程中，继续形成曲的酱香。另外，65℃左右的高温曲培养，实质上是对芽孢杆菌等细菌的一种纯化操作，这些有益微生物及其代谢产物进入酿酒工序后，在高温操作过程中强化了酒醅自身形成酱香的原动力，促进了酱香物质的进一步生成。高温成品大曲经过半年时间存放后，便可投入酿酒生产，此时的曲香味更纯正，陈香醇厚。

（2）水大是生产酱香大曲的前提　酱香大曲生产的水大是相比浓香型大曲而言，其通常拌曲时加水量为37%~40%。高温、水大很适合耐高温细菌的生长繁殖，特别是耐高温的嗜热芽孢杆菌。曲坯水分含量高低是高温制曲很重要的因素，水分过大，压块时，曲坯易被压得太实，挂衣快而厚，毛霉生长旺盛，升温快而猛，温度不易散失，水分不易挥发，影响入房发酵培菌。如果室温、潮气放调不好，或遇阴雨天，极易造成曲坯的酸败。房内温度过高，也会影响微生物的繁殖，影响大曲质量。水分过小，曲料吸水慢，曲坯易散，不挺身，由于不能提供微生物生长繁殖所必需的水分，影响霉菌、酵母菌及细菌的生长和繁殖，使曲坯发酵不透，曲质不好；另外，曲坯稍干，边角料在翻曲和运输时，极易损失，造成浪费。

2. 用曲量大是保证产酒酱香正常及提高酒质的前提

酱香大曲酒生产的用曲量是各种香型酒用曲量之首。用曲量是分轮次不断加入的，随着曲量的增加，酒醅中的香气成分也随之增加，同时产酯产香的微生物也增加，给形成酱香创造了有利的条件。用曲量在酱香型酒的生产中起着举足轻重的作用，用曲量小，其带入酒中的香味成分必然少；用曲量大，则酒中香味成分就多，酒质就好，更加丰满，风格更加典型。季克良、郭坤亮采用全二维气相色谱与飞行时间质谱联用证实了茅台酒有873种可挥发和半挥发成分，是世界上微量成分最多的蒸馏白酒。大用曲量给酱香酒生产带入大量的有益微生物和酱香前体物质，赋予酱香酒"幽雅细腻、舒适陈香、酒体醇厚、空杯留香长"的独特风味。高温大曲虽然糖化力、发酵力均低，但是蛋白酶活力高，它可分解制曲小麦原料中的蛋白质，产生大量的氨基酸。

氨基酸不只是酒中的香味成分，还能通过不同途径，与酒中的醛、酮化合物在贮存过程中产生美拉德反应，生成种类多、含量大的复杂香味物质进入酒中，影响酒质。

另外，用曲量大也赋予了酱香酒大量的高级醇，酒中的高级醇主要是由酵母菌利用糖与氨基酸的代谢形成的。原料中的蛋白质含量高，且曲中的蛋白酶活力高，则生成的高级醇就多。以茅台酒为例，高级醇含量为198.8mg/100mL，比其他香型酒均高。从味觉上来看，高级醇是白酒的骨架成分之一，它具有柔和的刺激感和微甜以及浓厚的感觉，除此之外，还有自然香气，起助香的作用。

3. 高温晾堂堆积发酵

高温发酵是指将粮醅或蒸馏后的酒醅在晾堂摊晾、拌曲后堆成的圆堆，进行堆积发酵至顶温48~52℃时，即可入窖。堆积工序是大曲酒生产工艺中的独特方式，晾堂堆积发酵可网罗空气中的酿酒微生物，是进行微生物富集的过程，是糟醅充分利用环境中微生物进行二次制曲的过程，同时也是酒醅进一步进行糖化发酵，为下窖继续发酵做好准备，此工序是形成酱香必不可少的工艺环节。

(1) 高温堆积发酵的水分控制　高温堆积发酵阶段由于酵母菌为兼性微生物，堆积过程的生长繁殖是一个耗氧的过程，堆子要尽量疏松，以增加氧气。因此，酒醅的水分控制就是重要的环节，水分过高，堆子的透气性差，好氧性微生物的生长受抑制，厌氧菌增多，易出现酸败现象。水分过低，也不利于微生物的代谢活动，淀粉的利用率低，产量、质量受影响，且造成浪费；而且在生产中要求前期的下沙入窖水分控制在38%左右，糙沙控制在40%左右。

(2) 收堆操作　当生沙料品温晾到32℃左右时，洒入尾酒（约占原料的2%），均匀撒入10%左右的大曲粉。经过3次翻拌后收堆，此时品温为28~30℃，堆子为圆形，收堆要均匀，冬季堆子高，夏季堆子矮。堆积时间为4~5d，待品温上升到48~52℃时，即可入窖发酵。

根据经验，入窖发酵堆子偏老为好，堆积发酵过程主要是富集酵母菌。堆积发酵过程中，酵母菌与温度的变化有极其密切的关系，在堆积发酵前期，酵母菌不断繁殖增长，使温度逐渐升高；随着温度的进一步升高，加快了酶促反应，使酵母菌进入到对数生长期；当温度升高至一定程度，蛋白质变性，酶促反应受抑制，酵母菌数量在后期就会下降。随着温度逐步升高至顶温，大量的香气香味及其前体物质都在此阶段生成。综合分析得出，随着时间的增长，酵母数量总趋势是上升的，在堆积46h后，酵母数量达到最大值。

4. 严格高温入窖，以酒养窖，以酒养糟，高温发酵

高温发酵为产生酱香物质提供良好的条件，不仅是生成酱香物质的必要条件，同时也是生成酒精的必要条件。入窖发酵是糖转化成酒精然后生香的过程。因此，入窖发酵操作要求十分严谨。首先，严格控制入窖温度，当堆子品温达到顶温时，迅速入窖，这样有利于嗜热微生物的生长繁殖代谢，保证发酵的正常进行，使产香物质得到加强；其次是下窖时，在窖底、窖壁、酒醅内和窖面浇洒尾酒，一方面调节糟醅的水分，更主要的是尾酒在窖内经再次发酵增香，抑制部分有害微生物的繁殖，供给己酸菌、甲烷菌、产酯酵母菌等微生物碳源及香味物质的前体物质；再次，窖内高温发酵，也是酱香酒生产中很重要的一个环节，它为酒精的生成和酱香物质的最后形成提供了一个有利的环境，高温有利于美拉德反应的进行，在发酵的窖内相当于糟醅又进行一次堆积发酵，由于窖内中下层糟醅温度上窜致使上层糟醅温度偏高，这样有利于嗜热芽孢杆菌的生长代谢，从而促进了酱香物质的大量生成。

5. 严格高温缓慢馏酒确保摘酒质量

高温馏酒有利于酱香酒主体香高沸点物质的馏出和低沸点杂质的蒸发，蒸馏是分离成熟糟醅中酒精成分并浓缩到一定酒精浓度和其他挥发性成分的重要

手段，也就是白酒行业中所说的"提香靠蒸馏"的工序。蒸馏过程的装甑也至关紧要，装不好甑而蒸不出酒或者蒸不出好酒就会前功尽弃，造成丰产不丰收，直接影响酒质和产量。

在生产工艺操作中，为了减少酒精和香味物质的挥发损失，必须做到随起随蒸，分层蒸馏，上甑操作必须细致，白酒蒸馏属于固态填料式间歇蒸馏法，上甑时做到疏松均匀，不压汽，不跑汽，甑内酒醅要中间低，甑边略高，一般四周比中间略高2~4cm。这样可以避免酒精从甑边上升造成蒸馏时蒸汽钻边，因为酒精在蒸馏过程中，酒精蒸汽有纵向扩散和边界效应的作用，酒醅与甑桶连接部分的黏着力小于酒醅颗粒之间的黏着力，因此要把握好缓慢高温馏酒，严格控制进汽 0.05~0.08MPa，馏酒温度 35~40℃，馏酒速度 1.5~2.0kg/min，每甑酒头取 1~1.5kg 等关键的操作工序。量质摘酒过程中要随时注意到酒液的温度、浓度及口感，特别是口感。

6. 贮存时间长是保证酱香型酒风格质量的重要措施

贮存是保证酱香原酒产品质量至关重要的生产工序之一，通俗地讲，贮存就是使酒老熟，去掉新酒的新酒味和暴辣感，使酒香幽雅圆熟，口感醇和柔顺。因为刚蒸出的酒具有辛辣刺激感，并含有某些硫化物等不愉快的气味。经过一段贮存期后，低沸点的杂质如醛类、硫化物等挥发，除去了新酒的不愉快的气味，保留的主要是不易挥发的高沸点酸类物质，从而增加了白酒的芳香，使酱香更加突出。随着白酒的贮存老熟，酒精分子的活度降低，增加水分子和酒精的缔合，使酒更绵软。酒精度为 55% vol 左右的酒入库，贮存过程酯化、缩合反应缓慢，贮存期延长，才能使酱香更突出，风格更典型。联酮化合物是酱香酒长期贮存的结果，时间越长，生成量就越多，产生的联酮化合物不同程度地带有黄色，因而时间越长，颜色也越深，细腻感和酱香味及陈香味均更好。贮存过程主要有如下作用：①醇-水之间的氢键缔合作用；②低沸点的不良成分挥发作用；③醇与醛或酸之间的氧化还原反应作用；④醇与酸的酯化反应作用；⑤醇与醛缩合成某些缩醛反应作用。酱香酒一般贮存 3 年以上，典型的茅台酒要贮存 4 年以上（不包括生产周期）。

▶▶▶ 课程资源

酱香型白酒酿造工艺-
下窖、封窖

酱香型白酒处理酿造
工艺-蒸酒、蒸粮

酱香型酒酿造工艺-
摊晾、酒酒尾、撒曲

酱香酒生产工艺

酱香型白酒酿造工艺–
上甑泼量水

酱香型酒酿造工艺–
配料、蒸粮

酱香型白酒酿造工艺–
加水、冷散、加曲

酱香型白酒酿造工艺–
开窖蒸酒

酱香型白酒酿造工艺–
上甑蒸酒

酱香型白酒酿造工艺–
摊晾撒曲

酱香型白酒酿造工艺–
下窖发酵

模块三　清香型大曲白酒酿造项目

一、项目概述

　　清香型大曲白酒以山西杏花村汾酒厂出产的汾酒为典型代表，其特征为清香醇厚、尾净爽口、绵柔回甜、回味悠长。清香型大曲酒的主体香气成分是乙酸乙酯和乳酸乙酯。通过本项目的学习，掌握清香型大曲白酒的酿造技术，理解影响清香型大曲白酒质量和出酒率的因素。训练原料粉碎度判断，对熟练操作润糁配料、蒸粮、蒸酒、加曲糖化发酵，能对基酒质量进行判定，具备高级白酒酿造工的操作能力、分析能力和管理能力。

二、项目任务

项目任务书

项目编号		项目名称	
学员姓名		学号	
指导教师		起始时间	
项目组成员			
工作目标	完成清香型大曲白酒酿造的工作任务，产品质量符合清香型大曲白酒各等级标准		
学习目标	**知识目标** 1. 掌握清香型大曲的生产工艺和特点。 2. 掌握清香型大曲白酒的生产工艺。 3. 掌握原辅料质量感官鉴别的方法。 4. 掌握原料粉碎的度，过粗或过细带来的影响。 5. 掌握上甑的基本操作要领。 6. 理解控制入窖温度、粮糠比，调整入窖淀粉浓度和入窖酸度的原理。		

续表

学习目标	7. 了解整个清糟发酵中，"养大糟、挤二糟"的方式。 **能力目标** 1. 能利用感官及化验报告鉴别原辅料的质量及配比是否合理。 2. 能根据不同的气温条件，控制制曲参数。 3. 能按工艺要求正确地进行开窖、起糟、蒸粮工作。 4. 上甑时能做到撒得准、轻、松、平、匀、不压汽、不跑汽。 5. 蒸料时，能从感官鉴别蒸煮（饭）质量是否符合工艺要求，并提出改进措施。 6. 能通过看酒花判断酒精度，误差在 5% vol 以内；能根据原酒入库分析报告，判断蒸馏接酒操作中存在的问题。 **素质目标** 1. 养成严谨的工作态度、树立质量意识，培养规范操作工作习惯。 2. 培养具有家国情怀、使命担当和工匠精神的"酿酒匠"。 3. 养成严谨的工作态度、求真务实、树立质量意识。 4. 树立绿色低耗低碳意识。

项目一　清香型大曲制作

一、任务分析

清香型大曲是以汾酒大曲为典型的中温曲，它分为清茬、后火、红心大曲三种。汾酒是我国传统的蒸馏名酒，因唐诗"清明时节雨纷纷，路上行人欲断魂，借问酒家何处有，牧童遥指杏花村"中的"杏花村"产地而闻名于世。汾酒生产工艺精湛，采用小麦与豌豆制曲，高粱酿酒，清蒸清烧，地缸发酵，发酵期长，经过贮存再勾兑而成，其酒有"入口绵，落口甜，清香不冲鼻，饮后有余香"的特有风格。著名专家方心芳先生对我国汾酒等北方酿酒进行了精辟阐述："人必得其精，曲必得其时，器必得其洁，火必得其缓，水必得其甘，粮必得其实，缸必得其湿，料必得其准，工必得其细，管必得其严。"

清香型大曲工艺流程图如下所示：

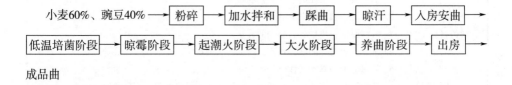

小麦60%、豌豆40% → 粉碎 → 加水拌和 → 踩曲 → 晾汗 → 入房安曲 →
低温培菌阶段 → 晾霉阶段 → 起潮火阶段 → 大火阶段 → 养曲阶段 → 出房 →
成品曲

二、知识学习

（一）线上预习

请扫描二维码学习以下内容：

清香型低温大曲制作　　　清香型低温大曲的培养　　职业素养及安全生产
　工艺流程　　　　　工艺操作要点（PPT）

（二）重点知识

1. 对制曲生产所使用原料的基本要求

大麦、豌豆由于各自属性不同，影响红心率的高低。清香型大曲的主要原料是大麦和豌豆，大麦的特点：磨碎成粗粉后皮多、粒细、疏松、透气，大曲微生物容易生长繁殖，水分和热量也容易散失，故有来火快、退火也快的缺点；豌豆的特点：质地坚硬，容易磨成粉，黏着力强，透气性差，压火性强，有"前缓、中挺、后缓落"的制曲特点，符合微生物的发酵规律。与小麦搭配使用，所产大曲有良好的曲香味和清香味。

2. 生产使用小麦和豌豆的标准

生产使用小麦参考小麦国家标准，感官质量要满足的要求为：颗粒饱满、新鲜、无虫蛀、不霉变，干燥适宜，无异杂味，无泥沙及其他杂物。查阅或索取每批小麦的化验报告单，对水分、淀粉和蛋白质等指标进行了解。生产使用豌豆参照GB/T10460—2008，以绿色、白色为主。

3. 物料计算

根据制曲当天的生产任务，计算各种原、辅料的用量。

（1）根据原料配比、每锅拌料总量，计算每锅的润料用水量、拌料用水量和原料量。

（2）根据生产要求，即每班生产量，计算需拌料的锅数，然后算出所需原料的总数。

（3）根据单批次曲料的拌和量，计算所需加水数量，满足生产工艺技术参数要求。

例如，润料用水3%，曲坯含水量38%（小麦、豌豆混合料含水12.5%），每批次拌料50kg。则每锅需：

小麦：50kg

润小麦用水量：50×3% = 1.5（kg）

麦粉拌和用水量：50×（38-12.5-3)% = 11.25（kg）

如果批次小麦数量有变化，以此类推。

4. 曲房的灭菌

将曲房打扫干净，包括对门窗进行清刷，检查曲房的门窗是否完好；采用熏蒸法，药剂的使用按以下标准进：$1m^3$ 曲房，用硫黄 5g 和 30%～35% 甲醛 5mL，将硫黄点燃并用酒精灯加热蒸发皿中的甲醛，如果只用硫黄杀菌，每 $1m^3$ 用量约为 10g。

步骤：先将曲房内中心铺底的谷糠刨一个到底的圆坑，直径 50cm 左右；放置好熏蒸药剂，点燃，并检查其周围有无易燃物品；关闭所有门窗，使其慢慢全部挥发；密闭 12h 后，打开门窗，通过对流，置换入新鲜空气；清理所使用的熏蒸工具和残留物品。

5. 粉碎度的概念

粉碎度又称粗细比，是影响制曲质量的关键因素之一。清香型大曲白酒大曲要求踩制的曲坯足够紧密，只有皮、掺、面的比例适宜才能达到进火与散热，保水与排潮的对立统一。皮壳是为了热曲进火散热排潮；细粉是为了晾曲保温保水；而掺粒主要是为了曲坯吸水成型并保持一定的硬度，而不至因卧曲而使曲坯坍塌或变形。适量的细粉有利于曲坯上霉，但细粉过多又使曲坯晾霉后容易崩裂，掺粒恰好能弥补以上缺陷。原料粉碎度大小直接影响大曲质量，细粉少，曲坯疏松，黏性小，吃水少，容易造成曲坯微生物生长快，热量、水分散失快，同时曲坯表面粗糙不宜上霉；反之，细粉多，曲坯紧密，黏性大，吃水多，微生物生长缓慢，曲坯上火慢，发酵周期长，在后火较小时曲坯中心水分走不尽，严重时发生"鼓肚"现象。

6. 拌料的目的

拌料的目的是使曲料粉均匀地吃足水分。将曲料粉加水拌匀后，装入曲模压成曲坯，含水量控制在38%左右，每块质量3.2～3.5kg。拌料水温应根据季节、气温调整，水温过高会加速淀粉糊化或在拌料时淀粉糊化，发酵时过早地生成酸，糖被消耗掉，造成大曲发酵不良，大曲的成型也差，俗语称"烫浆"了。但如果水温太低（特别是冬天），则大曲的发酵会有困难。低温会使曲坯中的微生物不活跃，繁殖代谢缓慢，曲坯不升温，从而无法进行正常的物质交换。所以掌握好用水的温度是拌料中的一个重要因素。因此，夏季应以 14～16℃的凉水为宜；春、秋季以 25～30℃的温水为宜；冬季以 30～35℃的温水为宜。曲料的加水量应根据粉子的粗细度和季节气候来定，粉子细度大的，可多加一些水，气温高的也可多加一些水，反之亦然。

7. 火圈

火圈为褐色或黑褐色的圈子，形成于培养前期。曲坯原料粉碎过细，水分过大，造成前期升温过猛，在很短的时间内形成曲内高温。由于小麦本身带来的淀粉酶以及微生物中酶的作用，在糖分不断积累的同时，小麦本身的氨基酸与糖发生氨羰基反应（美拉德反应），形成褐（黑）色素，沉积于曲心与曲皮中间部位而形成火圈。曲坯水分越大，前期升温越猛，曲心温度越高，火圈颜色越深。这种黑色素物质部分溶于水，具有芳香味（食物烘烤香），呈酸性且具有还原性；这种黑色素是一种不可发酵物质。

8. 水圈

水圈主要是接近曲坯表层 1~2cm 处，有一层颜色似酱色，深度有 0.1~0.2mm。造成的原因是成型时表面用水过多或在翻曲时受凉、温度陡升陡降造成的，所以在生产环节中注意表皮不宜用水过多，在管理过程中避免品温急剧变化，翻曲时不宜（特别是在冬春季节）将门窗全部打开，并缩短翻曲时间，越短越好。

曲坯表面出现根霉菌丝、拟内孢霉的白色小点或菌落。在穿衣过程中，控制曲坯温度缓缓上升，上霉才会良好，如果温度过高，应打开门窗或揭开曲坯上面的搭盖物，进行通风、散热，及时解决温度快速上升的问题。曲房应两面通风，窗户易于开关，既能保温保潮，又能降温排潮。培养前期只是曲坯表面的微生物生长而曲表水分很容易散发，影响上霉，所以要喷湿地面，盖湿席子保持一定的湿度，制造适合上霉的环境。从晾霉开始则需利用微生物生长所释放的热量提高品温逐渐向外排出水分。清香型大曲在培养过程中必须注意的就是晾，掌握好了，才能做出高质量的大曲。曲房中曲坯的排列一定要整齐、距离一致，才能使每房内的曲坯升、降温度较为统一。

上霉时以生长汉逊酵母、拟内孢霉为主；控制曲坯表面生长过多的根霉气生菌丝，特别是控制犁头霉等"水毛"的生长。霉点的多少，与曲坯的温度、水分、细粉有关。若水分挥发过快，霉点较少，反之则多。细粉多易上霉，反之则相反。上霉的最适宜温度为 30~35℃，温度过低难以上霉；温度过高，易"腌皮"，即曲坯表面呈肉红色而霉点小。湿度对微生物生长繁殖起到至关重要的作用。霉菌孢子萌发前，首先要吸水膨胀 2~6 倍，质量要相对增加。此时，孢子内物质溶解，酶开始活动，为孢子发芽创造条件。在孢子萌发期间，其呼吸作用需要一定湿度，相对湿度保持在 75% 以上才能萌发，曲霉生长的相对湿度不低于90%。因此，制曲过程中，晾霉阶段初期保潮工作极为重要。

起潮火期间温度和湿度变化程度最大，其中细菌、酵母菌和霉菌生长繁殖开始活跃起来，增长幅度很大，其代谢机能非常活跃，酶的活性增强，糖化力和发酵力呈现增强的趋势，淀粉质和一些微量物质逐渐消耗，释放大量的热量，使曲块和曲房的温度和湿度迅速上升，为霉菌孢子萌芽提供条件。随着温度的升高，大曲里面的水分迅速蒸发，也使曲房的湿度迅速增加。

大火期间高温环境使得微生物的生长受到了抑制，部分好氧微生物的数量减少，而芽孢杆菌所具有的耐热性使其在该环境下数量增加，酵母菌和霉菌其繁殖方式与细菌不同，繁殖速度不如细菌，增加的数目也没有细菌，此过程微生物繁殖代谢仍十分旺盛，此时曲块中的酸度达到最高点（2.3%）；淀粉消耗最多，达到了2.83%；糖化力和液化力均达到了整个发酵过程的最高点，而发酵力略有降低。因此，适当控制高温期的发酵时间，可以为大曲积累更多的代谢产物。

养曲阶段曲坯的品温开始下降，微生物代谢仍然在进行，因曲心还有一部分水分未走完，注意加强后期的保温工作，防止返潮现象的发生，搭盖塑料布、加厚稻草等进行保温。如果温度下降过快，曲坯容易生心，青霉菌等杂菌易侵入，会影响大曲的品质。

9. 大曲的感官鉴定

大曲的质量，目前尚无一个理想的理化检验方法和标准，主要靠感官鉴定来识别。感官质量的评定，主要分皮张和断面两方面的内容。

（1）皮张　上霉良好的曲块应为白色芝麻点，主要上霉菌落是拟内孢霉，如再用放大镜仔细观察，尚有乳黄色和乳灰白色的蜡状小点，主要是好气生长的酵母菌类。曲表应无过多的絮状菌丝和黑色的孢子囊孢子，无过多的纤细的水毛状菌丝及淡灰蓝色的犁头霉菌丝和孢子囊孢子，不应有青霉状的霉斑和霉点。皮张薄，无明显的不长菌的干皮，更不允许有明显的暗褐色或暗红色的烧斑。

（2）断面　清茬、后火、红心三种大曲各有独自的质量要求，但缺陷是大同小异的。

①清茬曲：优质清茬曲上霉良好，为白色芝麻点，无过多的絮状菌丝；皮张薄，干皮厚度≤2mm，无明显的烧斑，断面茬口微呈青色或浅青黄色者佳，光泽亮白，清亮如断玉，无明显的未排尽的水分和空心鼓肚等霉变现象。

优质曲：皮张厚或有烧斑的曲块≤10%，"二道眉""风火圈"等曲块≤20%，允许有部分"单耳""双耳""金黄一条线""红心"等曲块，但总量应≤30%。

合格曲：皮张厚或有烧斑的曲块≤20%，"二道眉""风火圈"等曲块≤30%，允许有部分"单耳""双耳""金黄一条线""红心"等曲块，但总量应≤40%。

等外曲：上述优质曲中有1~2项指标不达标者降为合格曲；上述合格曲中有1~2项指标不达标者降为等外曲。窝水明显，≥20%者为等外曲，<20%者为合格曲，<10%者为优质曲；空心鼓肚曲≥15%者为等外曲，<15%者为合格曲，<5%者为优质曲。

②后火曲：优质的后火曲上霉、皮张等情况与清茬曲相同，但断面茬口要求有明显的火色、淡黄色或淡金黄色，曲香味浓，其余指标也同清茬曲。但因后火曲的热曲顶点升温较高，稍放松一些"二道眉"或"风火圈"的限制，优质曲允许≤30%，合格曲允许≤40%。

③红心曲：优质的红心曲上霉，皮张等要求同清茬曲，其断面茬口要求有"红线""红心"，优质曲的红心率应达到≥50%，合格曲的红心率应达到≥30%，其余指标仍可参考清茬曲。

10. 大曲的理化指标

不同的地区、厂制曲的工艺及检验标准不尽相同，各有特点。表 3-1 所示为某酒厂大曲不同等级的理化指标。

表 3-1　　　　　　　　　某酒厂大曲不同等级的理化指标

等级	发酵力/ $[gCO_2/(g \cdot 72h)]$	糖化力/ $[mg 葡萄糖/(g \cdot h)]$	液化力/ $[g 淀粉/(g \cdot h)]$	水分/%	酸度/%	淀粉含量/%
一级	≥1.2	300≤糖化力≤700	≥1.0	≤13.0	0.9~1.3	≤58
二级	≥0.6	250≤糖化力≤300 700≤糖化力≤900	≥0.8	≤13.0	0.6~0.9	≤60
三级	≥0.4	≤250，≥900	≥0.5	≤13.0	0.4~0.6	≤61

三、实践操作

【步骤一】 生产准备

同本项目任务一步骤一。

【步骤二】 根霉培养

1. 润麦

用80℃以上的热水，加水量为3%~5%，润料3~4h，时间冬长夏短。润料时边洒水、边翻拌均匀；润料后达到麦粒表面收汗、内心带硬的效果。

2. 配料粉碎

将大麦60%、小麦40%配料，混匀、粉碎，通过20目筛孔的细粉，冬春季占20%~22%，夏秋季占30%~32%。采用对辊粉碎机，原料要求达到"烂心不烂皮"。汾酒大曲以大麦、豌豆为原料，可保持酒质清香纯正、口味纯净。大麦、豌豆按照一定比例配比，在不同的季节可略做调整。配料前，原料要经过清洗除杂方可进行粉碎。为了提高粉碎效果，第一次粉碎后的细粉，可经筛理后除去，粗粉要进行第二次粉碎。在原料使用与配比方面，除要考虑培养基的营养组成外，还应兼顾曲坯的通气性。如豌豆比例大，其黏着力强，提浆差，曲坯表面通气性好，水分散失快，不利于制曲品温的控制，同时后期后火易过小，形成生心；若大麦比例过大，曲坯成型难，保水能力差，来火猛，容易造成干皮、烧皮、上霉差等。

3. 加水拌和

粉碎的曲料加水拌料也称和面，要使曲面和水充分接触并搅拌均匀而不黏。曲面和水按照一定比例配比，和好的曲料以手捏成团粘手、不流水滴为准，做到无生面、松散、软硬均匀。拌料加水量为原料的22%~25%，冬季使用40~50℃的热水，其余季节用冷水，拌料水温应根据季节、气温调整，夏季以凉水为适宜；春、秋季以25~30℃的温水为适宜；冬季以30~35℃温水为适宜。

【步骤三】制根霉曲

1. 制曲盒子的准备

制曲盒子的尺寸为：（25~28）cm×（12~15）cm×（4~6）cm，每块曲坯的质量为6~8kg，将制曲盒子清洗干净，并检查制曲盒子有无损坏、销子有无脱落等情况。

2. 成型

一人一个制曲盒子，站在制曲盒子上将曲料一次性装入制曲盒，制曲盒子四角的料要装紧、填满，首先用脚掌从中心踩一遍，再用脚跟沿边踩一遍，要求"紧、干、光"，边踩边用前脚掌剔除多余粉料，然后用脚沾点水沿包包向下滑两遍进行提浆。

踩制好的曲坯感官标准要求：四角整齐，不缺边掉角，以"中心松四周紧，其余松紧一致，提浆效果好"为准。踩曲：将曲料粉加水拌匀，装入曲模压成曲坯，水分控制在38%左右，每块曲质量2.8~3.3kg。踩好的曲坯要求外形平整，四角饱满，厚薄一致，手捏成个团，分开有黏连。踩制成的曲块为四角饱满，中间略松，表面光滑、提浆均匀。

3. 晾汗

成型的曲坯需在踩曲场晾置一段时间，晾置时间以冬春季（11、12，次年的1、2、3、4月）不超过30min，夏秋季（5、6、7、8、9、10月）不超过10min为适宜。晾汗后的曲坯感官标准为：以手的食中指在曲坯的表面轻压一下，不粘手即可进行转运。

4. 转运曲坯

转运过程中一定轻拿轻放，避免损坏曲坯的形状；以每一小车次装曲坯不超过20块为宜。

5. 入室安曲

曲房培养：一般曲房长8~10m，宽4.5~5.5m，高2.8~3.5m，每室可容纳曲块 2000~3000 块，这样的曲房可使保温、保湿的缓冲能力增强。曲房四周有易于开闭的门窗，屋顶设有通风气孔（洞），便于调温度、湿度。

检查曲房内铺垫的谷糠厚度是否满足生产要求，过厚或过薄必须提前进行调整。按一字形摆放，四周离墙间隙 8~15cm，曲坯间距 1~2cm，中间留一行不摆放曲坯，安满一间曲房后，随即盖上草帘，插上温度计，以便检查品温，关闭门窗，使曲房保持一定的温度、湿度。

安曲前先在培养室地面撒一层 3~5cm 谷糠后，将谷糠用竹扫把扫平整，在谷糠上铺一层编织袋。安曲时按照"三横三竖"侧放，行距 3~5cm，间距 1~2cm；与传统的"横四竖四"相比，间距拉大，曲坯升温减慢，穿衣比较好。每层排满后，在曲坯的上面放置芦秆或竹竿，再进行曲坯安放，以此类推，总共排 2~3 层。

安放完毕，根据季节不同，选择覆盖编织袋、草帘、湿麻袋、草席等。

【步骤四】 长霉

曲坯入房后，冬春季 2~3 天，夏秋季 1~2 天就可穿衣；曲房室温 30~40℃，曲坯中心温度达到 35~38℃。穿衣后，揭开覆盖物或开启窗户晾霉，边晾霉边进入潮火期。

【步骤五】 晾霉

曲坯品温升高至 38~39℃ 时，应及时开启门窗，排出潮气，降低室温，并把曲坯上覆盖的草帘揭开，将上下曲坯倒翻一次，并拉开曲坯间距，降低曲坯的水分和温度，控制其表面微生物的生长与繁殖，防止菌丛生长过厚，称为晾霉，时间为 2~3d，翻曲 2 次，堆码成 3~5 层。

【步骤六】 起潮火

晾霉后，曲坯表面不再粘手，即关闭门窗而进入起潮火阶段，经过 2~3d，品温升至 36~38℃ 时进行翻曲，去掉苇秆、散谷草，堆码至 5 层，呈人字形排列。

随着温度的上升，曲房内形成较大的潮气，应根据温度和湿度，及时开启门窗排潮，夏秋季节早、中各排一次潮，冬春季中午排一次潮，尽量缩短排潮时间，因为表面曲坯受凉容易形成火圈。开启门窗时，在曲坯上覆盖草帘，防止曲坯降温过快、凉心。排潮完毕，可揭开草帘，关闭门窗，使曲坯略降温，排除曲坯内的水分。灵活掌握开关窗户和揭开草帘的时机是控制"前缓"的关键。

【步骤七】 起大火

这时的微生物生长旺盛，菌丝由表及里，水分和热量向外散发，通过开启门窗来调节品温，使它在 44~46℃ 的高温保持 7~8d，但最高品温不超过 48℃，最低品温不低于 28~30℃。

【步骤八】养曲

该阶段曲块逐渐干燥，品温下降，由44~46℃降至32~33℃，最后曲块不再发热为止，后火阶段一般3~5d，曲心水分继续蒸发。进入后火期后，尚有10%~20%曲块的曲心有水分，需要继续蒸发，待品温降至20~25℃时即可出房，每块曲坯质量为1.8~2.2kg。

【步骤九】大曲的质量标准及检验

1. 取样

采用"5点法"（即4角1中心）进行随机抽样，每间曲房取样曲块为20块，先选定好曲取样的层、排、点，取样按每一个点的周围40cm左右曲样4块（上、下、左、右各1块）进行。

2. 感官质量判断

将20块大曲，每块分别对半断开，按大曲质量感官标准的项目逐一进行评价和打分。

3. 理化质量判断

按大曲理化指标的分析方法，对每间曲房不同感官质量等级大曲的综合样品进行理化分析，出具大曲理化质量指标检验结果。

4. 大曲综合质量等级的确定

以大曲的感官质量验收为基础，结合理化质量指标的分析结果进行综合评分。未达到相应理化质量指标标准的大曲，其综合质量评分按感官验收评分的80%进行计算；理化指标达到标准的，其综合质量评分即为感官验收的评分分数。根据大曲综合质量分值，确定大曲所对应的等级。

【步骤十】储曲

出房评定后的各种大曲，按品种储存在晾曲棚内，通风条件下自然干燥。经贮存3~6个月后，水分、酸度、酶活力等趋于稳定后方可投入酿酒中。将贮存的曲块人字形交叉排列，垛高以13层为标准，曲块间要有一定间隔以利于通风，防止在养曲中返潮、起火、生长黑霉。清茬、后火和红心三种大曲要分别存放，标明日期，酿酒时要按照3种大曲的比例混合粉碎。

工作记录

工作岗位：　　　　　　项目组成员：　　　　　　指导教师：

项目编号		项目名称	
任务编号		任务名称	
生产日期		气温/湿度	
产品产量要求			
产品质量要求			

开工前检查

场地和设备名称	是否合格	不合格原因	整改措施	检查人
储曲房				
曲房				
晾曲棚				
制曲盒子				
制曲机械				
踩曲场				
晾堂				
小麦粉碎机				
搅拌机				
电源				
电控系统				
水源				
润料池				
运输装置				
手推车				
曲虫灯				
制曲盒子				
温度计				
筛盘				
称重计				

复核人： 年 月 日 审核（指导教师）： 年 月 日

物料领取

名称	规格	单位	数量	单价	领取人
小麦					
豌豆					
谷糠					
草帘					
其他物料					
复核人：		年　月　日	审核（指导教师）：	年　月　日	

工作过程记录

操作步骤		开始/结束时间	操作记录	偏差与处理	操作人/复核人
生产准备					
根霉培养	润麦				
	配料粉碎				
	加水拌和				
制根霉曲	制曲盒子的准备				
	曲坯成型				
	晾汗				
	转运曲坯				
	入室安曲				
长霉					
晾霉					
起潮火					
起大火					
养曲					
大曲质量检验	取样				
	感官质量判断				
	理化质量判断				
	大曲综合质量等级的确定				
场地清理					
设备维护					

成果记录

产品名称	数量	感官指标	理化指标	产品质量等级	产品市场估值/元
成品大曲					
复核人： 　年　月　日			审核（指导教师）： 　年　月　日		

四、工作笔记

1. 制作清香型曲原料的种类及质量要求有哪些？

_____

_____

_____

2. 清香型曲培养的条件有哪些？请具体分析。

_____

_____

_____

3. 清香型曲的制作流程是什么？

_____

_____

_____

4. 清香型曲的制作的注意事项有哪些？

_____

_____

_____

5. 清香型曲培养的条件有哪些？请具体分析。

_____

_____

_____

_____

6. 清香型曲的病害及其防治有哪些？

_____

_____

_____

7. 清香型曲的品质标准是什么？如何判断？

_____

_____

_____

_____

8. 本项目碳排放数据收集，包括涉及的步骤和降耗降碳措施的探讨。

_____

_____

_____

_____

五、检查评估

（一）在线测验

模块三项目一测试题

请填写测验题答案：

_____

_____

_____

_____

（二）项目考核

1. 按照附录白酒酿造工和培菌制曲工国家职业技能标准（2019 年版）技能要求进行考核。

2. 依据工作记录各项目组进行互评。

3. 各项目组提交产品实物、成果记录表，并将照片上传到中国大学MOOC，由指导教师评价。

（1）任务实施原始记录表　原始记录要求真实准确，满分20分，缺项或有错误扣1分。酒曲生产记录表见表3-2。

表 3-2　　　　　　　　　　酒曲生产记录表

房号：入房时间：　　　　出房时间：　　　　记录员：

原料/kg		粉碎情况	拌料用水		培菌房用水				天气	
大麦			水/粮	%	地面洒水	kg	温度	℃	室温	℃
豌豆			温度	℃	盖草洒水	kg	温度	℃	空气相对湿度	%
培菌记录	时间									
	品温									
	曲心温度									
	室温									
	空气相对湿度									
	措施									

（2）产品质量评价　满分60分，比照标准，按各等级产品数量评分。酒曲质量要求和数量考核记录表见表3-3。

表 3-3　　　　　　　　酒曲质量要求和数量考核记录表

评价指标	一级曲	二级曲	三级曲
感官质量	灰白一片，无异色，穿衣均匀，无裂口，光滑，曲香纯正、气味浓郁、断面整齐，结构基本一致，皮薄心厚，一片猪油白色，间有浅黄色，兼少量（≤8%）黑色、异色	曲香较纯正、气味较浓郁、无厚皮生心，猪油白色在55%以上，浅灰色、淡黄色和异色≤20%	有异香、异臭气味，皮厚生心，风火圈占断面2/3以上

续表

评价指标		一级曲	二级曲	三级曲
理化标准	水分/%	≤（14±1）	≤（14±1）	≤（14±1）
	糖化力/ [mg 葡萄糖/(g·h)]	600~900	400~600	≤400，≥900
	酸度/%	1 左右	1 左右	≤0.5，≥1.2
产品质量 （标准水 分）/kg	各级曲得分为：产 品质量（kg）×权重			

六、传承与创新

清香型大曲生产新知识探讨

（一）红曲霉

红曲霉是红心曲的主要菌种，在培曲环境及操作条件不变的情况下，有很多因素制约红心曲的培养和质量。红心曲生产操作特点是多热中晾，要控制好潮火后期与大火阶段，这一阶段要截留曲心部分水分，使曲心温度保持在红曲霉生成所需的相对高温状态下，所以控制好这一阶段热温与晾温操作的尺度非常关键。热温与晾温操作的控制，关键是窗户的开关，曲块间距的收缩，热晾时间的调节。如果潮火后期大热大晾，提前排尽曲心水分，曲心温度自然下降；大火期曲心热的时间相对较短，曲心保持在"潮热"的状态下，曲子是不容易生成红心的。

（二）不同培菌阶段的感官香气

揭草晾霉：控制曲块升温速度，使曲块入房 2~4d 后，温度升至 40~42℃，有明显甜酒香，并略带酸味，此时开门窗揭草排潮，开始晾霉。

（三）清香型大曲三种大曲的生产制作工艺及感官质量

1. 清茬曲

（1）卧曲　预先将曲温度调节在 15~20℃，夏季尽可能低些。地面铺上稻皮，将曲坯侧列成行，曲坯间距 2~3cm，冬近夏远，行距为 3~4cm。每层曲坯排完后，上面放置苇秆或竹竿，然后依次排列第二、三层，上下层曲块位置交错，呈"品"字形，便于空气流通。

（2）上霉　曲坯盖席后即为上霉开始。盖席温度15℃最为适宜，应保持其不低于12℃，不高于18℃，热季盖席温度能低则低，夏季上霉时间不超过2.5d为宜，夏季上霉温度不高于40℃，冬季上霉温度不高于38℃，冬季上霉时间不超过3d。

（3）晾霉　将曲坯品温升高至38~39℃，及时打开曲房门窗，排除潮气，降低室温，揭去曲坯上覆盖的保温材料，将上、下层曲坯翻倒一次，并拉开曲坯间距，降低曲坯的水分和温度，控制其表面微生物的生长繁殖，防止菌丝生长得过厚，这一操作即为"晾霉"。开始温度28~32℃，晾霉2~3d，每天翻曲一次，曲坯先后由三层增为四层及五层。并避免曲房存在较大对流风，防止曲坯干裂。

（4）起潮火　从晾霉第5天开始第三次翻曲，撤去苇秆，由四层翻五层，由品字形改人字形（底层曲呈左向倾斜，距离相等或相互平行，上层曲呈右向倾斜对角相接，角对角），为起潮火开始。每1~2d翻曲一次，每天防潮两次，昼夜窗户两封两开，品温两起两落，并由38℃逐渐升到45~46℃，这段时间需4~5d。

（5）大火　清茬曲的质量关键控制点是曲坯入房后第15天起大火，45℃以上顶火3d，然后热曲顶点逐步往下降。大火期间要拉大曲间距，不小于6cm，同时，曲堆中间要留够一人侧身行走的马蹄形走道。热曲是排除曲心水分，而晾曲才是微生物深入曲心的生长过程，曲心温度只有晾下去，才能热起来。

（6）后火　热曲温度只能达到40℃，而高于35℃为后火期。

（7）养曲　后火期后，尚有10%~20%曲块的曲心部分存有余水，需采用32℃左右的室温使其蒸发干净，曲块品温控制在28~30℃，待品温降至20~25℃时，大曲即可出房。

清茬曲属于小热中凉；以外观光滑，断面清白色，略带黄色，气味清香为正品。

2. 后火曲

后火曲又称高温后火曲。其感官质量不要求清茬香口、断面青亮如断玉，相反要求断面茬口火色较重，有一定的曲香味或酱香味。制作高温后火曲的曲料粉碎度比清茬曲相对要细，如20目以上的皮壳保持不变，仍为10%~18%，60目以上的糁粒约占50%，60目以下的细粉必须达到35%以上，或可达到39%。踩曲时曲坯的化验水分也相对较高，不低于39%，可达到42%。后火曲的制曲操作，从卧曲至晾霉，与清茬曲操作相同。从潮火期开始，四层最后一次热曲，热曲顶点升温升至37~38℃，翻曲时由四层翻五层，撤去苇秆，翻曲后第一次热曲，热曲顶点温度为37~38℃，以后隔天翻曲一次，每天热曲顶点温度比前一天高1~2℃，晾曲降温26~28℃，仍控制到曲坯盖席后第11天开始起大火，起大火第一天46~47℃，第二天47~48℃，第三天47~46℃，晾曲降温26~28℃，留火道和曲间距均可比清茬曲略大。大火期的升温顶点可高达52℃，一旦升到该温度，立即揭去曲堆上面铺盖的苇席，保持50℃以上的顶点升温2h，在52℃的顶点热两次即可，3天以后缓慢进入大火后期，撤去覆盖席片，周围仍围以苇席，其余操作仍同清茬曲。高温后火曲进入潮火期，直至大火期前4天，基本热晾对半，大火后期、后火期调整为热曲6.5h，晾曲5.5h。因此高温后火曲的操作要点又称大热中晾，后火期以后晾曲降温比清茬曲高1~2℃。后火曲属于大热中凉，曲坯断面四周青白色，中间红色。

3. 红心曲

红心曲的曲料粉碎要比清茬曲相对粗，如果20目以上的皮壳基本保持不变，仍为10%~18%，可相应减少细粉，增加糁粒，即60目以上的糁粒占53%~55%，60目以下的细粉占30%~32%。从卧曲至上霉的基本操作与清茬曲相同，唯有晾霉开始操作有所差异，揭席后第一次翻曲，仍为品字形，三层翻四层，但昼夜温度控制没有明显的两起两落，窗户也不是两封两启，温度控制主要靠随时调整窗户大小控制，热、晾都以曲间品温为主。隔天翻曲一次，翻至第五次曲六层翻七层时，即可起大火，也就是说揭席晾霉后第九天，或曲坯入房后第12~13天开始起大火。热曲顶点温度46~46℃，大火期三天的热曲顶点温度，又称座火，座火时曲间距可增加至6cm，马蹄形曲堆留火道的距离缩小，比清茬曲、后火曲的火道要窄，晾曲方法同清茬曲。但到大火后期，或后火期时，曲心水分已不多，热曲时间可延长至6.5~7.0h，晾曲时间5~5.5h，所以红心曲的热、晾操作要点又称"多热少晾"。红心曲属于中热小凉；曲坯内外呈浅青黄色，具有一定程度的酱香或炒豌豆香。

（四）生产中温强化大曲

生产中温强化大曲能提高大曲的生物活性，丰富清香大曲的香味。按用曲量的4%~6%投入生产，解决安全度夏的生产技术难题，既能保证产量，又能丰富原酒的质量风味；也可进行调味酒的生产。

课程资源

汾酒大曲

汾酒大曲生产工艺规程
和操作要领

制坯及入室工序

曲坯入室、培菌管理

汾酒大曲成曲质量标准

大曲微生物的生长繁殖

大曲的三系和特征

酶制剂在白酒生产中
的应用

活性干酵母在白酒生产
中的应用

清香型低温大曲人工
踩曲

培菌管理

制曲过程中的物质变化

职业素养及安全生产

项目二　清香型大曲白酒基酒酿造

一、任务分析

（一）大碴汾酒发酵工艺

本任务是生产清香型大曲汾酒大碴酒，汾酒的生产工艺是采用清蒸二次清、地缸固态分离发酵的形式。先将高粱、辅料单独清蒸处理，再把蒸熟后的高粱碴中加入大曲粉，在陶瓷缸中发酵，缸埋入土中，28d 后取出蒸馏，得大碴汾酒，贮存备用。

（1）工艺流程

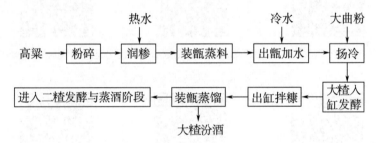

（2）影响本任务完成效果的关键因素包括原料质量，原料的粉碎度，润糁加热水温度、加水量，蒸料程度，加曲温度，加曲量，大碴入缸温度、入缸水分，发酵期间醅温变化做到"前缓、中挺、后缓落"，蒸大碴酒。

（3）根据工艺要求，以 10 人为一个制酒班组，用原料高粱 1.5t，以蒸馏出的大碴汾酒原酒质量及酒精度为依据，结合生产过程的原始记录，进行综合考核。

（二）二碴发酵工艺

本任务为二碴发酵，主要的操作程序与大碴发酵相似，属于纯糟发酵，不加入新料，待发酵完成后，再蒸出二碴酒，酒糟作为扔糟排出。

（1）工艺流程

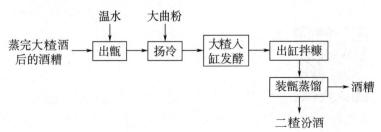

（2）影响本任务完成效果的关键因素包括蒙头浆水温，加水量，加曲温度，加曲量，二糙入缸温度、入缸水分、入缸淀粉、入缸酸度，发酵期间的醅温变化做到"前紧、中挺、后缓落"，蒸二糙酒。

（3）根据工艺要求，以 10 人为一个制酒班组，以蒸馏出的二糙汾酒原酒质量及酒精度为依据，结合生产过程的原始记录，进行综合考核。

二、知识学习

（一）线上预习

请扫描二维码学习以下内容：

清香型白酒酿造-二糙处理　　清香型白酒：二糙发酵　　大曲清香型白酒的酿造工艺

（二）重点知识

1. 原料高粱外观标准

高粱又称红粮、高粮等。由于富含淀粉、粗蛋白，故常用于酿酒行业。原材料高粱要尽量新鲜，籽粒饱满、皮薄、壳少，没有发生霉变和掺杂杂质，且淀粉含量较高，蛋白质含量适中，脂肪含量极少，含有适量的单宁，并还含有多种维生素及无机元素，易产生甲醇的果胶质含量极少。用于酿酒的高粱不能含有过多的含氰化合物、龙葵苷、番薯酮及黄曲霉毒素等对人体有害的成分。

2. 物料计算

依据工艺条件，计算出各种原、辅材料的用量。

（1）根据原料配比、每锅拌料总量，计算每锅的润料用水量、拌料用水量和原料量。

（2）根据生产要求，即每班生产量，计算需拌料的锅数，然后算出所需原料的总数。

（3）根据需要量，计算原料是否能满足生产要求。例如：

润料用水 3%，拌料加水 35%，加曲量 10%，每锅拌料 60kg。则每锅需要：

高粱：60kg

润料用水：60×3%＝1.8（kg）

拌料用水：60×35%＝21（kg）

加曲量：60×10%＝6（kg）

1.5t 原料总需求量为：

润料用水：1.8×1500/60＝45（kg）

拌料用水：21×1500/60＝525（kg）

加曲量：6×1500/60＝150（kg）

3. 检查设备和能源

（1）设备使用前，将设备清理干净，设备上不能堆放任何杂物。

（2）检查设备的螺丝、螺帽是否松动。

（3）检查设备电源的插头、插座是否正常。

（4）检查地缸是否有破损渗漏。

（5）在设备启动之后，从声音上判断运转是否正常。如有反常的声音，应立即停机检查。

（6）定期对机械设备进行润滑保养。

4. 粉碎与润料

将高粱适当粉碎，对原料的蒸煮糊化和微生物的酶发挥作用都有利。但粉碎不宜太细，否则容易在发酵过程中温度上升过猛、酒醅发黏，且容易染上杂菌。同时还要根据季节变化调节粉碎细度，冬季稍细，夏季稍粗，这样有利于发酵升温。

大曲的粉碎程度可以决定发酵环节升温的速度，粉碎得过粗，发酵时升温迟缓，但是对于进行低温缓慢发酵非常有利；粉碎得过细，发酵升温快。大曲的破碎程度还应考虑到季节气候的变化，夏季可稍粗一点，冬季则需稍微细一些。

润糁的目的在于能够使原材料吸收一些水分，以便于蒸煮糊化。原料吸水能力的大小、吸水速率的快慢均与原料的破碎程度和水温的高低有密切的关系。在粉碎细度一定时，温度越高，原料的吸水能力越大。首先，采用温度较高的水进行润料，能够使原料的吸水量增大，从而使原料在蒸煮过程中快速糊化；其次，高温能使水分渗透进淀粉颗粒的内部，在发酵过程中，不容易发生淋浆现象，温度上升也缓慢，成品酒口感绵甜；再者，高温润糁还会加快果胶质受热分解而形成甲醇，在蒸糁时可先行除去，从而能降低成品酒中甲醇的含量。高温润糁操作是提高曲酒质量非常有效的措施。

用粮食的分量斗给粉碎好的粮糁定量，然后经手推车推至酿造工场。将粮糁围成一圈，先在圈内地面放少许温水，然后打开热水器阀门将 95～98℃

的热水用胶管引流至粮糁中心圈内的地面上，再用铁锹将圈上粮糁由内壁向中心推移，使圈心粮糁越堆越高，这样圈心粮糁与外圈粮糁之间形成流水槽，热水流到之处便可润湿粮糁，同时将其铲到堆中心，最后所有粮糁铲完，热水同时也恰好加完，此操作要求动作快，以保持糁堆中心有足够的温度。将所有粮糁不断分堆、合堆，如此迅速操作，最后测量堆心温度至少应达 60℃ 以上。润糁后糁堆四周可能有大块疙瘩，可用硬质竹扫帚和铁锹将疙瘩清理掉，或可在糁堆上盖上麻袋以保温，每 8h 搅堆一次，要求翻堆彻底，如果翻堆不彻底，或者和糁水温低，糁堆易酸败或有落浆不良现象。和糁水温高，有利于糁粒吃足水分，有利于蒸煮糊化，避免生心、硬心，在发酵时，浮水少，更有利于大糙酒醅发透、发彻底，大糙酒不仅酒质醇甜，更有利于提高出酒率。

润糁之后要达到的质量要求：润透，无干糁，不淋浆，没有异味和疙瘩，能手搓成面。润糁总时间约为 22h。

5. 蒸煮

蒸糁时，红糁上面也可以再覆盖一层辅料，同时清蒸，辅料的清蒸时间一般至少为 30min。清蒸好的辅料，应该单独放好，尽可能当天用完。

原辅材料都要选用清蒸的方式，清蒸可以使酒味更为纯正清香。红糁经过蒸煮后，应该达到熟却不黏、内无夹生，具有高粱香味，而无异杂味的要求。蒸糁过程中，高粱中的淀粉受热而糊化，能够形成 α-化的三维网状结构。高粱中含量最多的糖分蔗糖也会受热而转变成还原糖。蛋白质受热发生变性，有些就分解成氨基酸，氨基酸又在蒸煮过程中与糖发生羰氨反应，生成氨基糖。单宁也在高温条件下发生氧化反应，从而加深了糁的颜色。原料中的果胶质在蒸料时分解出的甲醇也可被排除。

6. 加曲

汾酒生产大曲有清茬、红心、后火三种，清茬曲、红心曲各占 30%，后火曲占 40%。结合大曲的液化力、糖化力和发酵力等生化特性，也要注意曲的外观质量。清茬曲的质量要求是断面茬口呈青灰色或者灰黄色，没有其他颜色掺杂在内，气味呈清香。红心曲要求其断面中心呈一道红色，中心的高粱呈糁红色，并无异圈和杂色，具有典型曲香味。后火曲则要求断面颜色呈灰黄色，红心呈五花茬口，并有单耳、双耳，具有类似炒豌豆香的曲香味。

加曲量不宜过大或过小，否则就会对大糙酒的出酒率和质量造成较大影响。当加曲量过大，一方面会增加粮耗和成本，另一方面还会使醅子在发酵时升温过猛以致酸败，同时也会增加有害副产物的产生，使成品酒味道变得粗糙，酒品质下降；加曲量过少，则可能导致发酵困难、迟缓，顶温不足，以致发酵不彻底，最终影响出酒率。

根据经验，加曲温度是春季 20~22℃，夏季 20~25℃，秋季 23~25℃，冬季 25~28℃。在大糙入缸前，需要控制的条件主要是入缸温度和入缸水分，入缸后，须将缸顶封严实。

7. 发酵

（1）低温入缸、低温发酵 大糙发酵为纯粮发酵，采用"养大糙、挤二糙"的原则。为了养好大糙，防止酒醅升温过猛、生酸太快，一般于每年 9 月开始生产，入缸温度能低则低，直至 10 月中旬左右。坚持低温入缸、低温顶火的原则，经一个冬季的发酵，产出的酒具有出酯少、酸少、口味纯正、绵甜柔爽的优势。再由冬季逐渐进入春季，直至夏季，大糙入缸温度仍坚持能低则低。

（2）入缸淀粉浓度、入缸水分 大糙入缸后，由于大糙是用纯粮来进行发酵，没有配入发酵的酒糟，故淀粉浓度和酸度都较为稳定，所以一般主要控制水分和入缸温度即可。入缸淀粉浓度经常可达约 38%，但酸度较低，只有 0.2 左右。在这样的高淀粉、低酸度的条件下，酒醅非常容易发生酸败，从这一点出发，也要将入缸温度设置得较低，使其缓慢发酵。

入缸水分需掌控好，水分太少易使酒醅发干，造成发酵时困难；水分过多，虽产酒较多，但由于材料湿度大，难以疏松，影响蒸酒，且成品酒味显得寡淡。

（3）发酵时间 发酵周期的长短与原料粉碎度、大曲的性能等均有关系，应该通过生产试验进行确定。发酵时间太短，糖化发酵作用则难以进行完全，从而影响出酒率，其次酒质显得不够绵软，且酒的后味也显得寡淡；反之，发酵时间太长，酒质绵软，但欠爽净。

（4）发酵过程的控制 在大糙酒醅糖化和发酵同时进行的过程当中，应该重点把握好发酵温度的控制，使其符合"前缓、中挺、后缓落"的变化规律。要达到这一变化规律，除严格掌控入缸温度和入缸水分等条件之外，同时还要将地缸的保温和降温措施做好，如寒冷季节可在缸盖上加稻皮以保温，酷热夏季可在地缸四周的土里扎眼灌入凉水，迫使缸中酒醅降温等实际措施。

①前缓：根据季节不同来控制入缸温度，防止发酵前期升温太快，生成大量酸。但这并不意味着温度上升越慢就越好。升温过于缓慢，不能够及时顶火，是由于入缸温度太低、醅子温度太凉，会导致糖化发酵困难。适时顶火是在入缸之后的 6~7d 就能达到发酵的最高温度，在各季节升至顶火温度需要的时间有差异，热季需要 5~6d，冬季则需要 9~10d。若发现升温太缓慢，而不能够适时顶火，此时应增强保温措施。但是升温过快过猛，顶火提前，甚至高于规定的顶火温度，就容易造成酒醅大面积产酸，使酸度太大，大糙产酒率不

仅会降低，甚至还会影响到二糙发酵环节，这时就应当及时采取降温措施并调节入缸温度。

②中挺：酒醅发酵温度达到最高顶点后，能保持此温度 3d 左右，称为"中挺"，在此期间发酵可较为完全。中挺时醅温要求能够达到适温顶火，大糙为 28~32℃，平常季节一般不应当超过 32℃，冬季温度最好控制在 26~27℃。大概从入缸后第 7~8 天持续至第 17~18 天即为整个主发酵阶段，这是大曲酒发酵的最旺盛时期。在此期间内，微生物的生长繁殖和发酵作用均较旺盛，淀粉含量下降较快，酒精成分明显上升。故温度一定要求挺足，保持稳定的高温持续时间。如果品温下降得太早或太快，会导致发酵程度不完全，酒质差且出酒率也很低。但中挺阶段时间也不能太长，不然会造成酒醅酸度偏高，同样也会影响到大糙产酒和二糙发酵。

③后缓落：后发酵时期是指主发酵阶段结束到出缸前的这一段时期。酒精发酵基本结束，酒醅发酵进入以产香味为主的后发酵期。此时发酵温度回落，温度逐日以不超过 0.5℃为宜，到出缸时醅温可降到 23~24℃，此时适当进行保温。

品温下降不宜过快，否则酵母发酵不足，对酯化产香不利；但若不能及时降温，酒精就会挥发损失较多，且滋生有害的杂菌导致产酸，产生有害副产物，因此后发酵应控制温度缓慢下降。

（5）大糙发酵感官检验　发酵成熟的大糙酒醅表面应呈紫红色，无刺激性酸味；有明显类似苹果的乙酸乙酯香气，表明发酵良好；表面如果出现白色，可能是污染了假丝酵母；入缸 3~4d 酒醅有甜味，醅子逐渐由甜变为苦，最后变成苦涩味；醅子酸味大，则是生酸过多引起。手握酒醅有不硬、不黏的疏松感；发酵酒醅会随着发酵进行而逐渐往下沉，下沉得越厉害，产出的酒就越好。一般来说，下沉醅层高度的约 1/4 较为正常。

（6）发酵过程中大糙的理化指标变化　汾酒大糙发酵变化情况如下表所示。

表 3-4　　　　　　　　　　　汾酒大糙发酵变化情况

检验项目　　天数	温度/℃	水分/%	淀粉/%	糖分/%	酸度/°	酒精/%（体积分数）
0（入缸）	16.0	52.0	31.0	0.727	0.2214	/
1	18.0	54.0	30.5	1.905	0.2460	1.0
2	21.0	55.0	29.3	2.560	0.3690	1.4
3	24.0	56.0	28.6	2.500	0.6150	1.9

续表

检验项目 天数	温度/℃	水分/%	淀粉/%	糖分/%	酸度/°	酒精/% （体积分数）
4	25.5	58.0	27.4	2.490	0.860	3.4
5	27.5	60.5	24.3	1.670	0.926	4.1
6	28.0	64.0	22.6	1.350	1.480	7.7
7	29.0	65.6	21.8	1.335	1.530	8.4
8	30.0	66.4	21.0	1.190	1.600	8.7
9	29.0	67.6	20.2	1.070	1.680	9.2
10	28.0	68.0	20.0	0.990	1.710	9.9
11	28.0	68.0	19.4	0.980	1.720	10.7
12	28.0	68.0	18.4	0.960	1.730	11.2
13	27.5	70.0	17.3	0.952	1.740	12.0
14	27.0	70.5	17.0	0.950	1.750	12.2
15	27.0	71.2	16.8	0.948	1.760	11.9
16	26.5	72.0	16.3	0.940	1.780	11.8
17	26.5	72.0	15.9	0.931	1.820	11.8
18	26.0	72.0	15.5	0.912	1.880	11.7
19	26.0	72.0	15.2	0.897	1.970	11.7
20	25.0	72.0	15.0	0.857	2.080	11.6
21	24.0	72.2	14.8	0.828	2.20	11.4

8. 馏酒

在上甑时，尽量做到"轻、匀、薄、松、缓"，以确保酒醅在甑内保持疏松均匀，并且不压汽、不跑汽。上甑时可采用"两干一湿"的原则，即铺甑算辅料可适当多些，中间可少用辅料，最上面又可多用些辅料。另外还可采用"蒸汽两小一大"的方式，要求开始装甑进汽小；中间由于醅子湿度大，加大了阻力，此时可适当增大汽量；到装甑快结束时，甑内的醅子汽路已通，可稍减小进汽，缓汽蒸馏，从而可避免由于大火蒸馏而导致杂质进入成品内的现象，保证了酒的质量。

在 25~30℃下，流酒的酒损小且较少跑香，还能尽可能地排除掉有害物质，能提高酒的质量和产量。

最开始馏出的酒称为酒头，其酒精度高达 75%（体积分数）以上，酒头里含低沸点物质较多，因而显得酒口味冲辣，应单独接取存放，可回缸重新发酵，摘取量为每甑 1~2kg。酒头摘取量要适当，若取得太多，易使酒的口味较寡淡；而摘取太少，则会导致酒的口味暴辣。

酒头之后的馏分称为大楂酒，其含酸、酯量均较高，因此香味浓郁。当馏分的酒精度低于 48.5%（体积分数）时，即可开始截取酒尾，酒尾可回入下一轮进行复蒸，尾酒中含有大量香味物质，如乳酸乙酯。白酒中的有机酸是呈味的一类物质，在酒尾中的含量高于前面馏分。因此在蒸馏时，如果摘取酒尾过早，会使大量的呈香味物质残存于酒糟中，从而损失了大量的香味物质；但摘取酒尾过长，大楂酒精度则会降低。在馏尾酒时可以通过加大蒸汽量来"追尽"酒醅的尾酒和高沸点香味物质。流酒结束后，抬起排盖，敞口大汽排酸 10min。蒸出的大楂酒入库酒精度控制在 67%（体积分数）。

9. 二楂

大楂发酵蒸酒后的酒糟，作为二楂发酵的材料。大楂糟含残余淀粉 14%~15%，化验水分 58%~61%，大楂酒醅的出缸酸度在 1.3~2.5 以上不等。二楂发酵是纯糟发酵，具有淀粉浓度低、酸度大、化验水分大等特点。出缸大楂的水分多数是酸水，会使发酵阻力增大，所以要补充新水。

二楂发酵主要控制入缸淀粉、水分、温度、酸度 4 个因素。加水量多少应该根据大楂酒醅流酒量而确定，若流酒多，底醅酸度较低，可适当多加一些新鲜水，对二楂产酒有利。但若加水太多，则会使水分流到缸底，使酒醅浸泡入其中，导致酒醅湿度太大而发黏，流酒量减少。

入缸温度要随着气候的变化、醅子的淀粉浓度和酸度差异来灵活掌控，其控制关键是能够"适时顶火"和"适温顶火"。二楂发酵醅温的变化要求符合"前紧、中挺、后缓落"的规律。"前紧"指的是二楂在入缸之后 4d，要求酒醅品温就达到"顶火温度"，即 32~34℃。二楂发酵时，前期升温不能太缓，特别是在酒醅酸度较大时，否则主发酵会显无力，中挺就不能保持较高温度。但又不可太紧，否则酒醅非常容易生酸，同样也会影响酒精发酵的正常进行。中挺如果能够在顶火温度下维持 2~3d，即可使酒醅进行良好发酵。后缓落指的是从入缸发酵 7d 过后，发酵的温度就开始缓缓下降，直至发酵结束品温降到 24~26℃。

二楂发酵属于纯糟发酵，因此醅子的淀粉浓度比大楂要低得多，糠含量大，酒醅也较为疏松，在入缸时容易带进较多空气，造成曲酒发酵困难。所以要求二楂入缸时必须将醅子适度压紧，并喷洒少许尾酒，进行回缸发酵。一般二糙的发酵周期为 21~28d。

发酵过程中二糙发酵酒醅的化学成分变化如下表所示（以汾酒为例）。

表 3-5 二糙发酵酒醅的化学成分变化

时间/d	水分/%	总酸/ （mmol/100g）	还原糖/%	淀粉/%	酒精/%	氮/%
0	0.55	37.53	5.51	37.31	—	2.39
3	2.30	45.58	0.73	26.10	4.41	2.79
7	3.65	44.95	0.94	22.97	5.02	2.88
14	5.55	61.04	0.38	22.47	5.14	2.94
21	7.50	93.91	0.39	22.18	5.19	
28	8.45	104.89				

在清糙法发酵的全过程中，总在强调"养大糙，挤二糙"的原则。之所以称为"养大糙"，是因为大糙发酵属纯粮发酵，故入缸淀粉浓度较高，发酵时非常容易产酸，故要尽量避免酒醅生酸太多。所谓"挤二糙"，是由于二糙发酵为纯糟发酵，淀粉浓度主要取决于大糙发酵，为了彻底利用原料中的淀粉产酒、产香，故在二糙发酵中需要依据大糙酒醅的酸度来调整二糙的入缸温度，这样才能使得二糙酒醅发酵趋于正常，将二糙的酒挤出来。当二糙的入缸酸度在 1.6 以上时，随着酸度每增加 0.1，入缸温度可以提高 1.8℃。实践证明，如果大糙酒醅能够养得好，酒醅酸度正常，能使二糙发酵的出酒率提高且出酒质量好。反之若大糙养得不好，有酸败现象，不但会影响到大糙流酒，而且还会影响到二糙的正常发酵进行。

如果二糙发酵不良，导致残余淀粉偏高，还可以进行三糙发酵，或加入糖化酶和酵母进行糖化发酵作用，将残余的淀粉进一步彻底地利用。

在清糙法发酵中，还应对发酵酒醅进行感官检查，从而判断发酵情况如何。一般在入缸发酵的第 7 天，就可以将缸盖揭开，这时可发现塑料膜上有水珠，标志着发酵良好；如无水珠，说明发酵温度偏低。取出酒醅口尝，酸甜适宜，醅子软熟无生饭味，属于发酵正常；如果酸味大甜味小，可能发酵温度过高。当发酵进行到 15d 时，口尝酒醅若感觉苦涩微酸，没有明显甜味，则表示发酵正常进行；若是酸味小甜味大，且无苦涩感，可能发酵的温度偏低；如果苦涩中夹着酸，多数是由发酵温度太高造成的。

二糙发酵时，可以在入缸发酵的第 5 天和第 13 天对其进行感官检查。二糙酒醅发酵 5d 的颜色应该是呈黄褐色，酒精味浓，伴有酱香，发酵温度在

32℃以上，表示发酵进行良好。若是发现酒味不浓，且热气很大，是由发酵温度过高引起的。到了入缸发酵的第13d，酒醅的品温应该达到27~28℃，酒味要浓、要香，这才说明发酵良好；若酒醅黏湿，且酒味也不大，可能是发酵温度偏低，则要增加保温的措施。若酒醅呈现湿度大、酸度较大，且颜色发黄、鲜亮，可能是发酵温度偏高。

一般二糙酒醅发酵成熟后的理化指标为：水分为58.5%~67.2%，酒精度为5.2%~5.8% vol，淀粉为8.85%~11.03%，酸度为1.92~2.85，糖分为0.31%~0.34%。

经28d左右的发酵后，二糙发酵的成熟酒醅可出缸蒸酒。出缸后经搅拌清蒸辅料，装甑、蒸酒等操作同大糙出缸酒醅。二糙酒醅为纯糟发酵，质地疏松，可少用辅料，辅料的用量不超过投粮量的7%，蒸酒后的糟作为扔糟。

为了将清香型大曲白酒的质量提高，也可在发酵中使用回醅发酵或回糟发酵的方法，控制回醅量和回糟量均为5%，通过这样能将成品酒的总酸、总酯的含量有所提升，酒的优质品率将提高25%~40%。

清香型大曲酒通常采用清蒸二次清的工艺操作，因此会造成大糙和二糙入缸发酵条件不同，造成大糙酒和二糙酒在酒质上有所差别。

大糙酒的特点在于清香很突出，并具有高粱特有的粮香味，入口醇厚且绵软回甜、爽口，回味较长；二糙酒虽清香但欠协调，经常伴有少量的辅料杂味，入口较为冲辣，后略带苦涩感，回味也较长。

因此，大糙酒和二糙酒各具特色，经过长期贮存后，按照不同品种质量要求来勾兑成成品酒。

三、实践操作

【步骤一】生产准备

1. 接收物料

按工艺要求，结合甑、地缸的体积及数量，正确计算所需高粱，利用感官鉴别原辅料的外观质量。

2. 清洁卫生

将粉碎机、甑桶、铁铲清理干净；将接酒器具、桶清洗干净并进行消毒灭菌；将粉碎机附近高粱残渣，车间外四周清洁干净，使生产现场环境卫生满足工艺要求。

3. 检查设备

检查原料粉碎机、冷散机是否运行正常，甑桶是否有渗漏，保证地缸完好无缺损或裂缝。

【步骤二】原料处理

1. 高粱的粉碎

每粒高粱粉碎成 4~8 瓣。粉碎后要求其中能通过 1.2mm 筛孔的细粉占 25%~35%，粗粉占 65%~75%，整粒高粱应不超过 0.3%。

2. 大曲粉碎

大糙发酵使用的曲粉碎成大的如豌豆，小的如绿豆，能通过 1.2mm 筛孔的细粉不超过 55%，粉碎后的高粱原料称为红糁。

3. 高温润糁

根据投粮数设定热水桶的容积，恰好为投粮重的 60%，用蒸汽加热冷水，多余的水从溢流孔溢出。

4. 大汽蒸糁

红糁蒸料糊化采用清蒸。蒸原料前，先将底锅水煮沸，在甑箅上均匀地撒上一层稻壳（也可用谷壳代替），然后装甑上料，要求装匀上平，见汽撒料。待圆汽后，在原料面上泼加温度为 60℃的水，加水量控制为原料量的 1.5%~3%。整个蒸煮阶段所需时间大约为 80min，初期品温在 98~99℃，以后加大蒸汽，品温会渐渐上升，到出甑前可达 105℃左右。

5. 加水、冷散

蒸完的红糁应当趁热出甑，散成长方形，泼入原料量约 30% 的冷水，随后翻拌，通风晾糙。

6. 加曲

按照原料量的 9%~11% 进行加曲，并拌和均匀。所用的大曲有清茬曲、红心曲和后火曲三种，使用比例可为清茬：红心：后火 = 3：3：4。可以根据季节，调整发酵周期。

7. 大糙入缸

将拌和均匀的大糙装入地缸。在大糙入缸之后，封缸之前，要将石板盖和地缸四周清扫干净，用石板将缸顶盖严，最后可用清蒸后的小米壳封口，也可以换为稻壳，起到保温作用。

【步骤三】大糙发酵

1. 控制温度

常控制在 11~18℃，可根据气温调整，山西地区，一般 9~10 月为 11~14℃，11 月以后为 9~12℃；寒冬季节，发酵室温控制至约 2℃，地温一般 6~8℃，入缸温度可稍高些，为 13~15℃；3~4 月可降温至 8~12℃；5~6 月进入热季，入缸温度应尽量低，最好比自然气温还低 1~2℃。

2. 控制入缸水分

大糙入缸时水分控制为 53%~54% 为宜，最高也不能超出 54.5%。

3. 发酵周期

一般清香型大曲白酒发酵周期为 21~28d，只有个别可长达 30d。

【步骤四】大楂清蒸流酒

1. 出缸

发酵完成后，将成熟大楂酒醅从地缸中挖出，用推车推至酿酒场地，先用清蒸辅料在地面铺底，酒醅倾倒于地面，再在醅料上撒少许清蒸辅料，如此反复。辅料填充剂用量为 18%~20%。

2. 清蒸

不添加新料，将混合了辅料的大楂酒醅上甑，清蒸流酒。流酒的速度保持3~4kg/min，将流酒的温度控制为 25~30℃。

【步骤五】二楂处理

1. 蒙头浆

大楂酒蒸完后，应趁热泼入大楂投料量的 2%~4% 的 35~40℃ 温水于酒醅中，此操作称为"蒙头浆"。

2. 冷散、加曲

从甑桶中挖出醅子，将其冷散降温到 30~38℃，向其中加入投料量 9%~10% 的大曲粉，然后翻拌均匀。

【步骤六】二楂发酵

1. 控制入缸淀粉浓度

淀粉浓度主要取决于大楂发酵的情况，一般多在 14%~20%。

2. 控制入缸酸度

入缸酸度控制得比大楂入缸时要高，一般在 1.1~1.4，以不超过 1.5为宜。

3. 控制入缸水分

入缸水分常控制在 60%~62%。

4. 控制入缸温度

待品温降到 22~28℃（春、秋、冬三季）或 18~23℃（夏季）时，可入缸进行二楂发酵。

【步骤七】二楂清蒸流酒

1. 出缸

二楂发酵结束后，将成熟二楂酒醅从地缸中挖出，出缸拌入少量小米壳，混合均匀。

2. 清蒸

将混合了辅料的二楂酒醅上甑，清蒸流酒，得到二楂汾酒。流酒速度保持在 3~4kg/min。

【步骤八】贮存勾兑

将经过蒸馏得到的大糙酒、二糙酒、合格酒和优质酒等，分别单独贮存 3 年，然后再勾兑成成品酒，才能灌装出厂。

工作记录

工作岗位：　　　　　　　　项目组成员：　　　　　　　　指导教师：

项目编号		项目名称	
任务编号		任务名称	
生产日期		气温/湿度	
产品产量要求			
产品质量要求			

开工前检查

场地和设备名称	是否合格	不合格原因	整改措施	检查人
粉碎装置				
电源				
水源				
水源装置				
运输装置				
拌料装置				
起糟装置				
蒸馏装置				

复核人：　　　年　月　日　　审核（指导教师）：　　　　　　年　月　日

物料领取

名称	规格	单位	数量	单价	领取人
大曲					
高粱					

复核人：　　　　　　　年　月　日　　审核（指导教师）：　　　年　月　日

工作过程记录

操作步骤	开始/结束时间	操作记录	偏差与处理	操作人/复核人
粉碎				
润糁操作				
清蒸操作				
冷散操作				
加曲操作				
入缸发酵				
出缸操作				
二糁发酵				
二糁馏酒				
场地清理				
设备维护				

成果记录

产品名称	数量	感官指标	理化指标	产品质量等级	产品市场估值/元
大糁酒					
二糁酒					
复核人：　　　　　　　年　月　日			审核（指导教师）：　　　　年　月　日		

四、工作笔记

1. 清香型大曲白酒酿造工艺中，如何凸显出"清"字？

_____

_____

_____

_____

2. 入缸发酵时，需要控制哪些条件？

_____

_____

_____

_____

3. 酒尾摘取过早，对酒质有何影响？

_____

_____

_____

_____

4. 本项目碳排放数据收集，包括涉及的步骤和降耗降碳措施的探讨。

_____

_____

_____

_____

五、检查评估

（一）在线测验

模块三项目二测试题

请填写测验题答案：

_____

_____

_____

_____

（二）项目考核

1. 依据工作记录各项目组进行互评。

2. 各项目组提交成果记录表，并将照片上传到中国大学 MOOC，由指导教师评价。

3. 根据生产数据在数字化生产管理软件中填写的完整性和分析结果的准确性进行综合评价。

六、传承与创新

大曲青稞酒生产技术的探究

青稞，又名裸麦，或称裸大麦，是大麦的一个变种，主产于青藏高原海拔2000m以上的高原，与芒大麦颇为相似，同样也有四、六棱之分，形状有卵圆、椭圆和长方形，颜色有黄、褐、紫、蓝、黑等。70%以上的青稞属于玻璃质粒，因此质地较硬，含粗淀粉约为60%，蛋白质含量在14%以上，纤维素2%左右，青稞中还含有多种对人体健康有益的氨基酸，以及钼、硒、铬、锌等微量元素。

（一）酿酒原料

优质的青稞、豌豆，应分别符合 GB/T11760—2008 和 GB/T10460—2008的要求。

（二）大曲生产工艺

按互助青稞酒传统生产工艺，有不同季节生产制得的糖化发酵剂两种。在夏、秋季节制得的中高温曲，称作"白霜满天星曲"；在冬、春季节制得的中低温曲，称作"槐瓤曲"。

1. 中低温曲"槐瓤曲"

原料配比为青稞70%，豌豆30%，将其混合后粉碎，以最终成能通过60目筛的细粉占30%为宜，其余为筛面糁粒和豌豆皮、麦皮等。由于青稞坚硬，蛋白质含量高，用对辊粉碎机刮粉可使豌豆细粉与青稞籽粒混合得恰到好处，使进火与散热、保水与排潮形成对立的统一。曲料∶水≈100∶53（质量比）曲坯由机制曲坯压制而成。

由于高寒地区日夜温差大，曲室干燥，加之曲料粉碎时面少糁粒多，因此曲坯升温快，夏季曲坯入室后4~5d，曲间温度可达43℃，曲心温度可达58℃；冬季在10~12d曲间和曲心开始达到上述温度，即在潮火期已开始起大火，至大火期曲坯中所剩余水分已不多，因而出曲时曲坯尚有部分水分排不出，全部培养期26d出曲，出曲后贮曲2个月。该曲表面光滑皮薄，且无黄斑，茬口呈灰白色，没有不良的气味，糖化力达800~1000mg葡萄糖/（g干曲·h）。

用该曲酿制的酒清香纯正、余味爽净，若加温后饮用，则口感更清雅柔顺，饮后余香清爽，呈特有的青稞原料香气。

2. 中高温曲"白霜满天星"

青稞、豌豆以 7∶3 比例混合使用，制成曲坯后，入室培养 40d，其间最高品温可升至 48℃（曲间温度），如将温度计插入曲心，曲心品温可达 60℃以上。高温培养的曲块，在酒醅发酵时有后劲，有利于低温缓慢发酵，定时定温顶火。成曲出房后还应当再贮存 3 个月，在此期间可将一些生酸细菌排除，接着才能投产使用。从外观上判别成品曲的质量，主要要求"白霜满天星"，也就是观察曲块的断面，茬口生长的菌丝应该为白色的茬口，且类似白霜；曲块表皮有色泽一致的白色斑点，犹如满天星，故名。

3. 青稞、小麦、豌豆曲

该曲以青稞、小麦、豌豆为原料，使用比例是青稞∶小麦∶豌豆=5∶3∶2，粉碎成一定的粒径，制成曲坯，入房培养，其培养过程为卧曲、上霉、晾霉、起潮火、大火、后火、养曲、出房等工艺过程。

所制得的曲均需贮存 3 个月以上（称为陈曲）才能使用。

（三）大曲青稞酒的生产工艺

1. 原料及粉碎

将原料青稞以对辊式粉碎机破碎成 4~8 瓣。

2. 酿酒工艺

其酿酒工艺可以称为"清蒸四次清"工艺。采用的发酵容器为水泥窖瓷砖贴面，或水磨石磨光。酿酒原料粉碎后，经润糁、清蒸原辅料、出甑、加量水、冷散降温，再加曲（两种曲按比例混合），发酵。酿造工艺为"清蒸清烧四次清"。大糙、二糙发酵期各为 25d，三糙、四糙发酵期各为 15d，从原料最初投料到丢糟共计 80d，整个发酵过程控制要遵循"养大糙、保二糙、挤三糙、追回糙"的原则。发酵成熟的酒醅，经过蒸馏、量质取酒等操作，可按纯正、醇甜、爽净三个等级来分级贮存，基酒的酒龄应不低于一年半，调味酒龄不少于三年。陈酿后的基酒经过检测、尝评、勾兑、调味，再检测合格之后，适当存放，即可包装出厂。

成品青稞酒，其香气清雅纯正，怡悦复合，口感绵甜且爽净，香味协调，醇厚丰满，回味怡畅，具有青稞酒独特的清香味和风格。

清香型大曲酒的发酵工艺特点和汾酒的酿造"秘诀"

1. 清香型大曲酒的发酵工艺特点

生产清香型大曲酒，主要采用的是清蒸清糙工艺，也有个别是采用清蒸续糙工艺的。汾酒是典型的清蒸清糙二次清工艺，其主要特点如下。

（1）在整个清蒸二次清工艺生产中，主要突出一个"清"字，首先是原、辅料需要单独清蒸，尽可能驱除异杂味，以免带入酒里。清楂发酵，指不配入酒醅或酒糟；发酵成熟的酒醅单独蒸酒，从而保证了酒质的纯净；各项工艺操作均要注意清洁卫生，减少杂菌的污染。并强调低温发酵，确保酒味纯净。

（2）所用的大曲是专门用来酿制汾酒的中温大曲，该曲是采用大麦、豌豆作为原料，制曲时最高品温不能超过48℃，优良的成品大曲的糖化力、发酵力较高，且具有优雅的清香味。

（3）发酵容器采用地缸，用石板封口，也可采用陶瓷砖窖或水泥窖，如是水泥窖，则窖壁必须抹光且上蜡。生产场地、晾堂均用砖或水泥来铺设，这样便于刷洗，也能保证酒的口味纯净。

（4）原料进行纯粮发酵，在两次发酵后就会作为废糟而排出，这样能够使酒气清香、酒味纯净而不带有异杂味。

2. 汾酒的酿造秘诀

汾酒酿造历史悠久，历代酿酒师傅在不断地积累经验下总结出汾酒酿造的十条秘诀。

（1）人必得其精 酿酒技师及工人要有熟练的技术，懂得酿造工艺，并精益求精，才能出好酒、多出酒。工必得其细，管必得其严，勾贮必得其适。

（2）水必得其甘 要酿好酒，水质必须洁净。"甘"字可作"甜水"来解释，从而与咸水区别开来；也可当作好水解释，以区别于含杂质的水。

（3）曲必得其时 指的是制曲效果与温度、季节之间的关系，适宜的季节和温度下制曲，能够使有益的微生物充分得到繁殖生长。所谓"冷酒热曲"，指的就是使用夏天培养出的大曲质量佳。

（4）粮必得其实 要酿好酒，原料的质量必须好。高粱籽实饱满，且无杂质，淀粉含量又高，才能保证有较高的出酒率。因此一般要求采用粒大且坚实的"一把抓"高粱。

（5）器必得其洁 酿酒的整个过程必须十分注意卫生工作，以免杂菌及杂味侵入，影响酒的产量和质量。

（6）缸必得其湿 要达到出好酒的目的，需要创造良好的发酵环境。所以，必须合理地控制酒醅的入缸水分和入缸温度。由于在发酵过程中水分会下沉，热气会上升。一般将处于上部的酒醅控制入缸时水分稍微多些，温度略低一些。这样掌握，可使缸内酒醅发酵更均匀一致。酒醅中水分的多少与发酵速度、品温升降及出酒率有关。

另一解释为缸的湿度饱和，则不再吸收酒从而减少酒损，同时，缸湿易于保温，并可促进发酵。所以在汾酒的发酵车间里，每一年夏季都会在地缸旁的土地周围扎孔灌水。

（7）火必得其缓　①指发酵过程温度的控制，火指的是温度，即酒醅的发酵温度必须遵循"前缓、中挺、后缓落"的规律才可以出好酒；②也指酒醅蒸酒时适宜用小火缓慢蒸馏，这样可以提高蒸馏效率，质量、产量双丰收，且还可避免跑汽、穿甑等事故的发生；③蒸粮要用大火，并且上汽均匀，就能使得原料充分糊化，进而有助于糖化和发酵。

（8）料必得其准　一切酿酒工艺条件须准确掌握，严格按工艺操作规程执行。"准"的首要一点是配料准确，其次对发酵升温、淀粉和酸度变化要全面了解，做到心中有数。

（9）工必得其细　细主要指细致操作。只有细致操作，认真执行工艺规程，才能酿出好酒。如配料要细、材料搅拌均匀无疙瘩、冷散下曲要细、装甑操作要细致等，不论是在晾场上、甑桶上和窖池发酵管理操作上都应做到细致。

（10）管必得其严　生产管理是一个企业的质量管理中心环节，在企业内部，质量管理的成败关系到产品质量的高低，因此它对提高企业管理水平与企业的素质，甚至经济效益和生产发展，起着重要作用。

➤➤ 课程资源

清香型白酒：蒸煮糊化

清香型白酒：摊凉培曲

清香型白酒：入缸、封缸

清香型白酒：清蒸流酒

清香型白酒处理——
入池发酵

清香型白酒处理——
装甑蒸馏

清香型白酒：出缸拌糠、
清蒸流酒

麸曲清香型白酒酿造

模块四　清香型小曲白酒酿造项目

一、项目概述

　　清香型小曲白酒采用固态发酵法生产而成，在我国西南地区很普遍，是小曲酒中的杰出代表。我国小曲酒年产量为 600~700kt，其中四川省生产的小曲酒约占 50%，大多为乡镇企业，有的已形成联产、联销的集团化企业。川法小曲白酒采用整粒原料生产，具有在发酵前进行泡粮、初蒸、闷水、复蒸等操作的独特工艺。因地区、原料的差异，生产工艺也都不尽相同。主要表现在关键步骤的控制上，如原料的糊化条件，培菌时的定温定时，发酵时的温度、速度和时间。本项目通过学习清香型小曲酒生产过程中的泡粮、初蒸、焖水、复蒸、出甑、摊晾、下曲、发酵及白酒蒸馏等操作，使学生初步具备清香型小曲酒工艺分析能力和白酒生产管理能力。

二、项目任务

项目任务书

项目编号		项目名称	
学员姓名		学号	
指导教师		起始时间	
项目组成员			
工作目标	完成清香型小曲白酒酿造的工作任务，产品质量符合清香型小曲白酒各等级标准		
学习目标	**知识目标** 1. 了解制曲原料麦麸、谷糠的质量标准与判断方法。 2. 掌握曲霉菌、酵母菌新陈代谢的基础理论知识。 3. 掌握消毒、灭菌设备使用知识及灭菌基本理论知识。		

续表

学习目标	4. 理解环境温湿度、原料粉碎度、加水量与酒曲质量的关系。 5. 掌握制曲温度人工控制的培养方法。 6. 了解清香型小曲酒生产标准和要求。 7. 清楚清香型小曲酒生产的工艺步骤。 8. 掌握清香型小曲酒生产时原料的糊化程度、培菌糖化及发酵时的"定时定温"及蒸馏操作时的"稳、准、匀、透、适"等关键步骤。 **能力目标** 1. 能完成小曲原料质量判断，具备麦麸、谷糠的质量鉴别能力。 2. 具备霉菌、酵母菌试管、三角瓶扩大培养能力，能使用微生物实验室的器械、仪器并进行管理。 3. 能进行拌料、蒸料、扬冷、接种、入池培养、烘干等操作，具备不同阶段小曲香气、水分、质量的鉴别能力。 4. 具备根据不同的气候和设备条件调控曲房温度、湿度的能力，能制定符合当地气候特点的具体制曲工艺和技术方案。 5. 观察记录曲坯在培菌过程中的外观变化，能查找培菌过程中出现异常现象的原因，及时提出处理措施。 6. 能根据小曲酒生产原料的化验报告判断酿酒工序的物料质量及配比是否合理。 7. 能根据物料外观调整润料操作；能进行原辅料的均匀拌和操作；能进行基本的上甑（锅）操作；能根据糖化发酵剂质量调整用量；能进行基本的入窖（缸、罐）操作；能根据季节调整封窖（口）材料配比及进行封窖操作；能进行基本的上甑操作；能根据"酒花"判断酒精度高低。 8. 能根据不同的气候和设备条件，制订小曲酒酿制生产工艺和技术方案。 9. 观察记录小曲酒生产过程中的各种变化，能查找生产过程中出现异常现象的原因，及时提出处理措施。 **素质目标** 1. 养成严谨的工作态度，树立质量意识，培养规范操作工作习惯。 2. 培养具有家国情怀、使命担当和工匠精神的"酿酒匠"。 3. 养成严谨的工作态度、求真务实、树立质量意识。 4. 树立绿色低耗低碳意识。

项目一　纯种根霉曲制作

一、任务分析

本任务是制作清香型小曲酒"纯根霉、酵母散曲"中的纯种根霉曲部分。通风曲制作工艺是将根霉、酵母菌单独培养，后接种到麦麸上生长，再混合配制后使用。本任务选择符合标准的麦麸、谷糠为原料，经拌料、蒸料、扬冷、接种、入池、通风培养、烘干等工序，按照川法纯种根霉曲制作工艺要求制成纯种根霉曲。

（1）工艺流程

（2）影响本任务完成效果的关键因素　原料质量、整料是否完全、种曲活化度、曲房的温度和湿度控制管理、烘干操作等。

（3）根据工艺要求，以4人为一个制曲班组，用原料800kg，以产出的成品曲质量和产量为依据，结合生产过程的原始记录，进行综合考核。

二、知识学习

（一）线上预习

请扫描二维码学习以下内容：

| 小曲概述 | 根霉培养技术 | 小曲制作工艺 |

（二）重点知识

1. 原料外观标准

（1）麦麸　为小麦最外层的表皮，淀粉含量约15%，维生素和矿物质含量相当丰富，具有良好的通气性、疏松性和吸水性，可作为多种微生物培养的原料，也是制作纯根霉、酵母散曲的主要原料。根据原料的化验报告检，查麦麸是否符合工艺要求，基本要求为水分符合标准12%左右，粗淀粉15%左右，并含有适量的粗蛋白、粗脂肪、灰分等，农药残留量不超标。麸皮外观无虫蛀，无霉变。

（2）谷糠　为稻米除去果实后得到的黄色皮层。根据原料的化验报告，制曲谷糠的成分基本要求为：水分13.5%左右，粗淀粉37.5%左右，粗蛋白质为18%左右，粗纤维9.0%，灰分含量约为9%。并含有丰富的B族维生素、维生素E和矿物质营养素等，农药残留量符合行业标准。合格的谷糠感官检验标准为原料呈淡黄色或浅褐色，未见虫蛀、结块等现象，闻起来有谷糠特有的风味，不可有腐败、霉味及异味。

2. 物料计算

根据任务要求，计算各种原、辅料的用量。

（1）根据原料配比、每一批次拌料总量，计算每一批次的浸渍用水量和原料量。

（2）根据生产要求，即每一批次生产量，计算需发酵的批次，然后算出所需原料的总数。

（3）根据需要量，计算原料是否能满足生产要求。例如，拌料用水 55%（冷水即可），麦麸和糠分别过 20 目、30 目筛，每一批用量为：麦麸 700kg，糠 100kg（麦麸和糠的比例一般不定，可根据工艺的要求变更）。则每一批需：

麦麸：700kg；谷糠：100kg；拌料用水：（700+100）×55% = 440（kg）。

3. 曲房的灭菌

首先点燃混合硫黄与锯末，关窗关门密闭 12h 后再通风，一般标准用量为 $4 \sim 6 g/m^3$；然后进行漂白粉灭菌，用 5kg 的水稀释 40g 漂白粉，混匀后制成灭菌喷雾，用量为每立方米房间使用 100mL，喷淋时注意表面渗透要均匀，时间为 30min。

4. 检查设备和能源

（1）设备使用前，将设备清理干净，设备不能堆放任何杂物。

（2）检查设备的螺丝、螺帽是否松动。

（3）检查电源插头、插座是否完好。

（4）启动设备后，要认真从声音判断设备的运转情况。如有异常声音，应立即停机检查。

（5）定期对机械设备进行润滑保养。

5. 制曲对水分的要求

制曲过程中，曲霉菌的生长与作用均受到水分的支配。微生物与水的关系体现在水分含量、渗透压、水分活性三个指标上。制曲时水分的参与是通过配料加水，蒸料吸水及培养室湿度三个环节来完成的。在曲霉培养的不同阶段，对水分有不同的要求，因此加水量应根据季节不同而调整；培养室湿度也应根据培养的不同阶段而做调整，要与曲池大小、曲层厚度及通风条件相适应。总之，要为曲霉菌在不同时期所需水分提供最佳的条件。

6. 温度对制曲的影响

曲霉菌从孢子发芽到菌体生长及酶的生成，每个阶段都离不开适宜的温度。在整个制曲过程中，通过温度调节，保证曲的质量是最主要的工艺操作环节。其中的关键有两条：一是处理好品温与室温的关系，掌握互相调节的时机；二是后期的培养温度要高于前期，这有利于酶的生成，提高曲的质量。

7. 空气与 pH 对制曲的影响

曲霉菌是好气性微生物，不但生长繁殖需要足够的空气，而且酶的生成量也与空气供给量有关。制曲时空气的供给由两个环节完成：一是配料时添加稻壳与酒糟，使曲料疏松，提高其空气含量；二是培养中通过通风与排潮两个途径来完成空气供给工作。掌握好通风时间、风量大小及排潮的时机是制曲时温度调节的主要手段。pH 是曲霉菌生长繁殖所要求的基本条件之一。不同曲霉菌有不同的 pH 适应范围；同一曲霉菌，每次配料中 pH 有变化，均会影响到其生成酶的种类和数量。实践证明，pH 稍高，曲的糖化力增高；pH 稍低，曲的液化力增高。同时，一定的 pH 对杂菌也有控制作用。加糟制曲是调整 pH 的最佳方法。

8. 培养时间对制曲的影响

曲霉培养的最终目的是使其生成最多的酶类。所以培养时间的确定是根据某一曲霉菌生成酶的高峰期而定的，不可过早出曲，否则曲的糖化力将受到很大影响。同时，制好的曲子要及时使用，放置时间不可过长，以防止糖化力受到损失。

9. 根霉曲菌种

生产上把试管种子称为一级种子。根霉曲的生产中仅根霉培养这个步骤，都往往需要频繁移接，这样就非常容易造成试管菌种的污染，严重影响出酒率。因此，一级种的培养尤为重要。尤其是试管种子的培养必须保证质量。

由于各地区气候和各地实际情况不同，目前根霉曲的生产及使用菌种是因地而定的。常用的菌种有：

（1）根霉 3.866（河内根霉）　中国科学院微生物研究所提供。它具有糖化发酵力强、生酸适中的特点，适用于小曲酒的生产。

（2）Q303　贵州省轻工研究所提供。它具有 3.866 糖化发酵力强的特点，生酸小，适用于制造甜酒曲。用于甜型黄酒的生产，小曲酒生产应用也极多。

（3）LZ24　泸州酿酒科研所提供。

10. 接种室要求

接种室要做到无杂菌，接种前 2~3h，接种室按每 $1m^3$ 用 2.5g 硫黄熏，接种人员穿戴消毒工作鞋、工作衣帽，戴口罩，先用肥皂水洗手，后用酒精将手消毒后接种。

三、实践操作

【步骤一】生产准备

1. 菌种选育

选择强壮而又优良的根霉菌菌种，以适应下一阶段的扩大培养。

2. 接收物料

麦麸、谷糠均要选择符合生产要求的，无霉变、虫蛀等。

3. 清洁卫生

堆放蒸煮过的麦麸、谷糠等区域都要事先消毒灭菌，特别是培菌的曲房，每一批培养之后都要经过严格的灭菌，以防止其他杂菌污染。

4. 设备检查

混合搅拌机、鼓风机是否正常。

【步骤二】 根霉培养

1. 试管种子

到专门生产菌种的厂商和研究机构购买符合要求试管种子。

2. 三角瓶扩大培养

（1）工艺流程

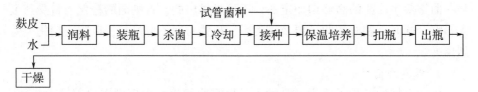

（2）润料、装瓶、杀菌、接种　新鲜小麦麦麸首先经竹筛筛匀，加水70%~80%进行润料（视麦麸含水量加减）。润料期间用手充分搅拌均匀，搓散粒团。洗净烘干若干500mL三角瓶准备装瓶（三角瓶数量根据原料量定）。待麦麸润湿膨胀、松散润料充分后，用大口径漏斗将湿料分装入准备好的三角瓶中，40~50g/瓶。用棉塞密封好瓶口，并用牛皮纸包扎后进行灭菌，通常使用0.1MPa下灭菌30min。取出，趁热轻轻进行摇瓶，目的是摇散结块的麦麸，并将三角瓶瓶壁上的冷凝水摇入瓶底培养基内。放入电热恒温箱内，在温度30~35℃内保持待用。接种时以无菌操作的方式将根霉试管菌种取出，再将麦麸三角瓶拿入无菌接种室。点燃酒精灯后，用接种钩耳从试管菌种内勾3针，在酒精灯火焰上方接种到麦麸三角瓶培养基内，一般接种呈"品"字形。接种过程中要注意无菌操作，严防杂菌污染，并且菌种要摇匀，使菌体分散，利于培养。

（3）培养、干燥　初次三角瓶接种结束后，置于28~30℃的恒温箱内，恒温培养48~72h。在培养过程中，三角瓶中的培养基平放。待菌丝布满培基表面、部分菌丝倒伏、麦麸连结成饼时，进行三角瓶的扣瓶操作（倒瓶）。用手拍三角瓶底部，振动放倒，使饼块离三角瓶内底面1cm高，麸饼脱离瓶底，悬于三角瓶的中间。扣瓶的目的是使菌体与空气的接触面增大，加快根霉菌生长。一般三角瓶种子在扣瓶后培养1d，即可出瓶烘干。

三角瓶种子干燥一般利用培养箱进行。烘干温度35~40℃，使三角瓶种子的水分迅速被除去，菌体停止生长，以便保存。烘干后，在无菌条件下把三角瓶种子研磨成粉状，装入无菌干燥的纸袋中，种子干粉需在干燥器内保存待用。

【步骤三】制根霉曲

1. 工艺流程

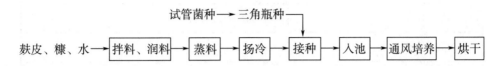

2. 拌料、润料

将拌料场地打扫干净，麦麸 700kg 加谷糠 100kg，加水 50%～60%（冷水即可），润料时间 2h，润料要充分拌匀，打散团块。

3. 蒸料

采用常压蒸料，用一般甑子即可，上汽后将麦麸轻撒入甑内，装满并圆汽后于 108℃ 水蒸气蒸 1.5～2h。

4. 接种

麦麸出甑后，采用扬麸机或人工扬冷。必须待品温降至 35～37℃（冬季），夏季接近室温时才可接种。接种量一般为 4% 左右（冬多夏少）。接种时注意一定要混合均匀。

5. 入池

物料接种混匀后，必须立刻装入通风培养池内，装池厚度一般为 25～30cm。

6. 通风培养

装池后先静态培养，属于孢子萌发阶段，品温控制在 30～31℃。4～6h 后，进入菌体生长阶段，品温逐渐上升，待品温升至 36℃ 左，需要使曲料降温，要开始进行间断通风。培养约 15h，根霉进入旺盛生长阶段。这个阶段根霉的呼吸作用旺盛，品温上升较快，一般要进行连续通风培养，使品温维持在 30～32℃。一般入池后 24h，曲料内布满菌丝，即可进行烘干。

7. 烘干

成熟后进入烘干室进行烘干。最好分两个阶段：前期温度控制在 35～40℃；后期随着水分蒸发减少，根霉对热的抵抗力逐渐增加，温度一般控制在 40～45℃，使水分含量在 10% 左右。

8. 粉碎

烘干后的根霉曲要经过粉碎才能入库。粉碎使根霉孢子囊破裂，释放出孢子，以提高根霉使用效果。粉碎时注意品温，高于 55℃ 的品温会影响小曲的质量。

工作记录

工作岗位：　　　　　　　项目组成员：　　　　　　　　指导教师：

项目编号		项目名称	
任务编号		任务名称	
生产日期		气温/湿度	
产品产量要求			
产品质量要求			

开工前检查

场地和设备名称	是否合格	不合格原因	整改措施	检查人
曲房				
电源				
水源				
水加热装置				
通风培养池				
破碎机				
运输装置				
烘干室				
手推车				
扬麸机				
曲虫灯				
三角瓶				
灭菌锅				
其他工具				

复核人：　　　年　月　日　　审核（指导教师）：　　　　　　　　年　月　日

物料领取

名称	规格	单位	数量	单价	领取人
麦麸					
谷糠					
根霉菌种					
其他物料					
复核人：		年 月 日	审核（指导教师）：	年 月 日	

工作过程记录

操作步骤		开始/结束时间	操作记录	偏差与处理	操作人/复核人
生产准备					
根霉培养	试管种子准备				
	三角瓶扩大培养				
制根霉曲	拌料、润料				
	蒸料				
	接种				
	入池				
	通风培养				
	烘干				
	粉碎				
场地清理					
设备维护					

纯种根霉曲生产记录

房号：　　　　入房时间：　　　　出房时间：　　　　记录员：

原料/kg		润料用水		粉碎情况	天气	
麦麸		水/粮	%		空气湿度	%
谷糠						
根霉菌		温度	℃		室温	℃
培菌时间	时间					
	品温					
	室温					
	湿度					
	措施					

成果记录

产品名称	数量	感官指标	理化指标	产品质量等级	产品市场估值/元
扩大培养菌种					
根霉曲					
复核人： 年 月 日			审核（指导教师）： 年 月 日		

四、工作笔记

1. 制作根霉曲原料的种类及质量要求有哪些？

_____

_____

_____

2. 根霉曲培养的条件有哪些？请具体分析。

_____

_____

_____

3. 根霉曲的制作流程有哪些？

_____

_____

_____

4. 根霉曲的制作的注意事项有哪些？

_____

_____

_____

5. 本项目碳排放数据收集，包括涉及的步骤和降耗降碳措施的探讨。

_____

_____

_____

五、检查评估

（一）在线测验

模块四项目一测试题

请填写测验题答案：

_____

_____

_____

_____

（二）项目考核

1. 按照附录白酒酿造工和培菌制曲工国家职业技能标准（2019 年版）技能要求进行考核。

2. 各项目组提交产品实物、成果记录表，并将照片上传到中国大学MOOC，由指导教师评价。

3. 工作记录小组间互评：比照要求，工作内容和技能要求考核评分表见表 4-1。

表 4-1　　　　　　　　工作内容和技能要求考核评分表

职业功能	工作内容	技能要求	相关知识
一、生产准备	（一）接收物料	正确根据化验报告判断流入工序的物料质量及配比是否合理	5
		配料计算正确	5
	（二）清洁卫生	对器具、曲房进行正确的清洗、灭菌、消毒	5
	（三）检查设备、能源	正确检查设备、仪表运转情况；设备的润滑保养工作操作正确	5

续表

职业功能	工作内容	技能要求	相关知识
二、培养基制备	（一）曲坯制作	（1）正确调整、控制曲坯制作 （2）蒸料操作正确	5
	（二）种曲接种、扩大培养	能快速、正确接种	5
三、培养	（一）控制温度、湿度	能用感官判断温度、湿度是否符合工艺文件要求	5
	（二）培菌	（1）能用感官判断培养曲所处的阶段 （2）能按根霉菌培养工艺要求进行一级、二级根霉菌的培养操作 （3）能对微生物菌种进行选育、分离、筛选	10
	（三）贮存、保藏	能根据成曲储存要求控制贮存条件	5
四、质量控制	（一）记录工艺参数	能如实填写原始记录	5
	（二）分析问题	能用感官判断菌种、曲质的优劣	5

六、传承与创新

不同小曲生产的探讨

（一）小曲的特点

1. 具有丰富的糖化酶和酒化酶

霉菌和酵母菌是小曲主要含有的两类微生物。霉菌一般包括根霉、毛霉、黄曲霉、黑曲霉等，而主要是根霉。根据小曲酒生产的要求，小曲中的根霉菌，必须生长迅速，适应力和糖化力强，具有一定的产酸能力，不过一般小曲对根霉发酵生成酒精的能力要求不高。根霉含丰富的糖化淀粉酶，它与液化酶的比例为1:3.3，高于米曲霉（1:1）和黑曲霉（1:2.8）。因根霉含有酒化酶系，故能边糖化边发酵，使淀粉利用率提高。但根霉菌缺乏蛋白酶，对氮源要求比较严格，喜欢有机氮，缺乏有机氮时，菌丝的生长和酶活力的提高都会受到影响，甚至会发生菌种退化现象。

传统小曲中的酵母种类很多，包括酵母属、汉逊酵母属、假丝酵母属、丝孢酵母、拟内孢霉属等酵母。但在小曲酒发酵过程中酵母属和汉逊酵母属起到了主要的作用。目前，也有一些企业在小曲的培养过程中接种生香酵母，主要是为了增加酒中的总酯含量，来提高白酒的质量。

2. 添加中草药是小曲培育的特色

有些地方小曲又称为药小曲，是添加中草药培养的小曲。早在20世纪40年代，方心芳先生经过对添加中草药药理的研究，结果发现30种中药材对酵母菌都起到了有益的作用，其中最好的有10种，如薄荷、杏仁、桑叶等；黄连对酵母菌有害；木香对根霉有害等。小曲生产中添加适量与合宜的中草药，是我国劳动人民的伟大发明，不但在制曲过程中对酿酒有益菌类起到促进作用，同时还在一定程度上抑制了杂菌生长，并且把药香风味带到成品白酒中来。

在我国，小曲中添加中草药的方式、类型和数量等各不相同，有的多达几十种甚至上百种，有的还带有"无药不成曲"的神秘观念。但随着科技的进步、消费与生产的发展，逐步认识到应采用必要的、适量的中草药，并减少到最低限度。目前小曲生产大部分已向无药、纯种化方向发展。

(二) 小曲类型

1. 单一药小曲

在药小曲制作中，使用一种中草药者称为单一药小曲。常见的是桂林三花酒所用的小曲丸。用大米粉碎后的大米粉制坯并裹粉，再添加当地特产的香草药，并添加上一个生产周期生产的优良药小曲为曲母，制成的酒药坯入曲房培养，通过控制培养温度培养根霉菌生长，最终制得具有酒药特殊香气的小曲。

2. 多药纯种药小曲

多药纯种药小曲是采用十几种中草药和纯种根霉菌及酵母菌制成的。如五华长乐烧酒用曲。将大米浸渍2~3h，淘洗干净后，磨成米浆。添加桂皮、香菇、小茴香等19种中草药粉。同时在制曲坯时，添加根霉菌种子和酵母菌种子液，经过培曲房内保温保湿培养制成成品曲。

3. 广东酒饼种和酒饼曲

酒饼种是制酒饼曲的种子，各地制法略有不同，但其主要工艺都是用大米、饼叶、药材、饼种与水拌和成型，经培菌、干燥而成。酒饼曲即为成熟小曲，其原料配比各地均不相同。常见的配比如：大米48kg，黄豆9kg，饼叶3.6kg，饼泥9kg。制曲时将大米、黄豆分别煮熟，装入饭床混合，冷却后撒布饼种、饼叶及饼泥等，搓揉均匀。再取出放入长方形饼格中，踏实成型，最后移入曲房，25~30℃保温培养，约经10d即培养成熟。

4. 邛崃米曲

四川邛崃米曲（药曲）有着悠久的历史，明末清初就已发展极盛。邛崃米曲中所加入的72种中药，后经科学试验证明：部分药材有促进有益菌繁殖、抑制杂菌生长的作用；有一部分药材作用不显著，有的对制曲生产有妨碍。其中独活、白芍、川芎、砂头、北辛等可促进小曲中有益菌如根霉的生长，起到清糊、绒子的作用；硫黄、桂皮等对醋酸菌的生长有抑制作用；薄荷、牙皂、木香等又能抑制念珠霉的生长。

5. 四川无药糠曲

四川无药糠曲也是以米粉为原料，制曲过程中不添加中草药，既节省药材，也节约了粮食，降低了成本。例如四川省推广无药糠曲后，可节约大米8000t以上。

6. 厦门白曲

厦门白曲是将酵母菌培养在米曲汁中，根霉培养在米粉中，做成的种子接种到谷糠和米粉中培养而成，以其产地而得名。

7. 纯根霉、酵母散曲

任务一介绍的根霉、酵母散曲是采用纯种培养技术，将根霉和酵母菌分别在麦麸上培养后再混合配制而成的。

➤➤➤ 课程资源

酒曲之旅

小曲生产准备

小曲的质量鉴定

桂林三花酒曲制作探究

五粮小曲新技术

项目二　麦麸酵母曲制作

一、任务分析

本任务是制作清香型小曲酒"纯根霉、酵母散曲"的纯种酵母曲部分。制作工艺是将酵母菌单独培养，后接种到麦麸上生长，再混合配制后使用。本任务选择符合标准的麦麸、谷糠为原料，按通风制曲工艺要求，经酵母菌菌种的扩大培养，曲房内发酵培养，在一定温度和湿度下使纯种根霉生长，再经烘干而制成。

（1）工艺流程

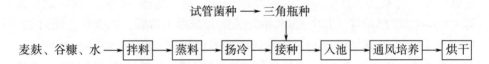

（2）影响本任务完成效果的关键因素包括原料质量、整料是否完全、种曲活化度、曲房的温度和湿度控制管理、烘干操作等。

（3）根据工艺要求，以4人为一个制曲班组，用原料800kg，以产出的成品曲质量和产量为依据，结合生产过程的原始记录，进行综合考核。

二、知识学习

（一）线上预习

请扫描二维码学习以下内容：

麸曲的制作工艺

（二）重点知识

（1）原料外观标准　同任务一。
（2）物料计算　同任务一。
（3）曲房的灭菌　可用与纯种根霉曲相同的方式进行曲房灭菌。除用与纯种根霉曲相同的硫黄灭菌法，还可用甲醛熏蒸的方式。曲房清洗干净，晒干后密闭曲房，用甲醛熏蒸后使用。一般都用甲醛加高锰酸钾，$10mL/m^3$。一般熏蒸 8h 左右，后通风换新鲜空气 3h 后才可正常使用。

（4）检查设备和能源　检查调整仪器、设备的工作状态，保证设备完好。

（5）制曲对水分的要求　同任务一。

（6）温度对制曲的影响　同任务一。

（7）空气与 pH 对制曲的影响　同任务一。

（8）培养时间对制曲的影响　同任务一。

（9）麦麸酵母曲菌种　传统小曲中的酵母种类很多，有酵母属（*Saccharomyces*）、汉逊酵母属（*Hansenula*）、假丝酵母属（*Candida*）、拟内孢霉属（*Endomycopsis*）、丝孢酵母（*Trichosporon*）等。但起主要作用的是酵母属和汉逊酵母属。培养散小曲经常使用的酵母是 RasseⅫ（德国 12 号）、南洋混合酵母 1308 和米酒酵母等。其中 1308 和 K 氏酵母发酵力很强，速度快，能耐 22°Bx 糖度和 12% 的酒精浓度，并能耐较高的发酵温度，pH 为 2.5~3 时生长良好，最适生长温度为 33℃，适用于半固态发酵。Rasse 酵母和米酒酵母适应性好，发酵力强，产酒稳定，酒质也好。

为了提高白酒的质量，有的在小曲中接入一些生香酵母，以增加酒中的总酯含量。常用的菌株有汉逊酵母属中的 AS2.297、AS1.312、AS1.342、AS2.300 及汾Ⅰ、汾Ⅱ等。这些酵母的共同特点是能产生强烈酯香，主要是乙酸乙酯，但酒精发酵力低，培养时需充足的氧。若用量过大，则酯香过分突出，酒体不协调，并能生成较多的异戊醇，使酒品带苦味。

在固态酵母曲通风培养池阶段，翻拌操作极为重要与频繁。这主要是由于酵母菌在生长繁殖过程中需大量空气，并放出二氧化碳，应及时翻拌操作，一方面排除培养基内的二氧化碳，补充氧气；另一方面帮助繁殖后的酵母细胞均匀地分散到培养基中，有利于保证成品曲的质量。

三、实践操作

【步骤一】生产准备

1. 菌种选育

选择强壮而又优良酵母菌菌种，以适应下一阶段的扩大培养。

2. 接收物料

麦麸、谷糠均要选择符合生产要求的，无霉变、虫蛀等。

3. 清洁卫生

堆放蒸煮过的麦麸、糠等区域都要事先消毒灭菌，特别是培菌的曲房，每一批培养之后都要经过严格的灭菌，以防止其他杂菌污染。

4. 设备检查

检查混合搅拌机、鼓风机是否正常。

【步骤二】酵母菌扩大培养

1. 原菌种选择

生产中常选用的酵母菌种有：2.109、2.541、K氏酵母及南洋混合酵母。它们都具有很强的发酵能力。

2. 培养基的制备

采用麦芽汁培养基：称取大米500g，加水3000~3500mL，煮成稀饭，冷却至60℃，加麦芽500g，搅拌均匀，55~60℃控温糖化4~6h后过滤。控制其糖度在13°Bx左右。

豆芽汁葡萄糖（或蔗糖）培养基：称取新鲜黄豆芽100g，加水1000mL，煮沸30min，用纱布过滤，并补足失水。再加葡萄糖（或蔗糖）50g，琼脂15g，加热至熔化，再次补足失水。一般分装于500mL三角瓶中，加棉塞，高压蒸汽灭菌后保存待用。

3. 试管培养

首先在斜面试管培养基上划线接种原菌种，培养箱中25~30℃培养24h，以活化原菌种；再将斜面菌种接入灭菌冷却后的米曲汁试管培养基中，摇匀后置于保温箱中25~30℃培养24h。

4. 三角瓶液态酵母的培养

取配制好的麦芽汁培养基（或豆芽汁葡萄糖培养基），装入500mL三角瓶中。塞上棉塞，包扎好瓶口，高压灭菌25min后，冷却至30~35℃，以无菌操作接入一级试管酵母菌种1~2环，移入培养箱28~30℃恒温培养24~36h，待培养液内气泡大量上升，酵母菌繁殖旺盛时，即可作生产固态酵母种子用。

【步骤三】制酵母曲

1. 工艺流程

麸皮
水　→　拌料　→　蒸料　→　冷却　→　接种（试管酵母菌种→三角瓶酵母液）　→　培养　→　烘干　→　固态酵母

2. 润料

酵母菌曲制作时原料处理与根霉曲相似。将拌料场地打扫干净，麦麸750kg，加谷糠150kg。但因酵母菌培养时翻动次数较多，水分损失较大，故润料时注意加水量较根霉曲稍有增加。一般应比培养根霉时增加水分5%~10%。加水55%~70%（冷水即可），润料时间2h，润料要充分拌匀，打散团块。根据麦麸的粗细，还可加入5%左右的稻壳，以增加疏松程度。

3. 培养

整料后的麦麸冷却至 30~35℃，接入 2%~5% 培养好的三角瓶液态酵母，搅拌均匀（也可同时接入 0.2% 的根霉曲种，为酵母菌生长提供更充足的糖分）。迅速装入通风培养池内，厚度一般为 25~30cm，室温控制在 28~30℃。视不同的生长情况调节品温和控制温度。8~10h 后品温上升后，翻拌 1 次；隔 4~5h 再翻第 2 次；至 15h，酵母细胞繁殖旺盛。因酵母曲品温变化较快，应随时注意翻拌，以控制温度变化。一般 24h 可培养成熟，随即烘干。

4. 烘干

成熟后的酵母曲进入烘干室进行烘干，烘干过程前期控制温度 30~40℃，后期提高温度 40~45℃，烘干后粉碎入库。

【步骤四】成品曲质量分析

1. 纯种根霉曲与固态酵母的配比

"市售根霉曲"将培养成熟的根霉曲和固态酵母按一定比例配合而成，使根霉曲具有糖化和发酵作用。成品根霉曲中加入固态酵母的数量视固态酵母质量、工艺、发酵周期、气温、季节变化、配糟质量、水分而定。例如，固态酵母中酵母细胞数为 $4×10^8$ 个/g 左右，则配入的固态酵母可为 6%。

2. 根霉曲检验

（1）取样　以袋包装的根霉曲从总袋中取样 2%~5%。或者在碎曲混合后，在曲堆的四周及中心分上、中、下分别取样。取样后再混合，用四分法缩样，分装入具有磨口塞的广口瓶中待用。

（2）外观质量检查

①观察其形状：曲料无明显的大块状曲体，粉末状至不规则颗粒状。

②观察其颜色：近似麦麸，色泽均匀一致，无杂色。

③闻其味：要求具有根霉酒曲特有的曲香，无霉杂气味；成品曲具有浓厚的曲香味，如果有酸、馊味，则是细菌大量繁殖所致，不能使用。

④手捏着有干燥疏松的感觉。

⑤填写记录单。

（3）试饭检查　称大米 1000g，用水淘洗干净，装入盒中，加水至 2200g，放在甑桶内蒸饭，上大汽蒸 40min，要求饭粒熟而不烂，趁热打散。装入灭过菌的直径 10cm 的培养皿中晾至 35℃，接入 0.3% 的待试样曲，然后放于 28~30℃ 培养箱中培养 40h 后进行试饭。试饭检查主要品尝糖化饭的软硬程度、甜味、酸味、异味以及杂气味等。试饭要求：饭面均匀，无杂菌斑点，饭粒松软，口尝甜酸适口，无异臭味。

（4）理化分析

①水分测定：将直径 4cm 的低型称量瓶洗净放入 105~110℃ 烘箱中烘 3h

取出，放入干燥器中冷却半小时准确称重。

取约 5g 曲样，放入称量瓶中准确称量（精确至 0.001g），放入 105～110℃烘箱中烘 3h 取出，取出放入干燥器中冷却半小时后取出准确称量。计算含水量：

$$水分 = \frac{m - m_1}{m - m_0} \times 100\%$$

式中　m——烘前试样与称量瓶的质量，g

　　　m_1——烘后试样与称量瓶的质量，g

　　　m_0——称量瓶的质量，g

水分要求：根霉酒曲≤12%，根霉甜酒曲≤10%。

②试饭糖分的测定

取样：称取试饭样 10g 于 30mL 烧瓶中，用药匙研烂，加蒸馏水 20mL 浸泡 0.5h，15min 搅拌一次，用纱布或脱脂棉将试液过滤至 500mL 容量瓶中，用水多次冲洗残渣，定容为 500mL 备用。

定糖：在 150mL 锥形瓶中放入斐林甲、乙液各 5mL，加蒸馏水 20mL，置电炉上加热，待沸腾后用滴定管逐滴滴入上述试样浸出液，滴液时应保持沸腾，待颜色即将消失时，滴入 0.5% 次甲基蓝指示剂 2 滴，继续滴足至蓝色消失呈现鲜红色时为终止点，记下消耗体积 V。

计算：　　还原糖 (g/100g，以葡萄糖计) $= \dfrac{G \times 500}{w \times V} \times 100\%$

式中　G——10mL 斐林液相当的葡萄糖量

　　　500——试样稀释体积

　　　w——试样质量，g

　　　V——滴定时消耗试液体积，mL

根霉酒曲糖分要求≥20g/100g 饭（以葡萄糖计）。

工作记录表

工作岗位：　　　　　　　项目组成员：　　　　　　　指导教师：

项目编号		项目名称	
任务编号		任务名称	
生产日期		气温/湿度	
产品产量要求			
产品质量要求			

开工前检查

场地和设备名称	是否合格	不合格原因	整改措施	检查人
曲房				
电源				
水源				
水加热装置				
通风培养池				
破碎机				
运输装置				
烘干室				
手推车				
扬麸机				
曲虫灯				
三角瓶				
灭菌锅				
其他工具				
复核人：　　年　月　日		审核（指导教师）：　　　　　年　月　日		

物料领取

名称	规格	单位	数量	单价	领取人
麦麸					
谷糠					
酵母菌种					
麦芽汁培养基材料					
豆芽汁葡萄糖培养基材料					
其他物料					
复核人：　　　　　年　月　日			审核（指导教师）：　　年　月　日		

工作过程记录

操作步骤		开始/结束时间	操作记录	偏差与处理	操作人/复核人
生产准备					
酵母菌扩大培养	原菌种选择				
	培养基抽血				
	试管种子准备				
	三角瓶扩大培养				
制酵母曲	润料				
	培养				
	烘干				
	成品曲质量分析				
场地清理					
设备维护					

纯种酵母曲生产记录

房号：　　　入房时间：　　　　　出房时间：　　　　记录员：

原料/kg		润料用水		粉碎情况	天气	
麦麸		水/粮	%		空气相对湿度	%
谷糠						
酵母菌		温度	℃		室温	℃
培菌时间	时间					
	品温					
	室温					
	湿度					
	措施					

成果记录

产品名称	数量	感官指标	理化指标	产品质量等级	产品市场估值/元
培养基					
试管菌种					
扩大培养菌种					
酵母曲					
复核人：　　　　　　　年　月　日			审核（指导教师）：　　　　　年　月　日		

四、工作笔记

1. 制作酵母麸曲原料的种类及质量要求有什么？

_____

_____

_____

_____

2. 酵母麸曲培养的条件有哪些？请具体分析。

_____

_____

_____

_____

3. 酵母麸曲的制作流程有哪些？

_____

_____

_____

_____

4. 酵母麸曲的制作的注意事项有哪些？

_____

_____

_____

_____

5. 小曲成品曲质量判断方法及标准有哪些？

_____

_____

_____

_____

6. 本项目碳排放数据收集，包括涉及的步骤和降耗降碳措施的探讨。

_____

_____

_____

_____

五、检查评估

（一）在线测验

模块四项目二测试题

请填写测验题答案：

_____

_____

_____

（二）项目考核

1. 按照附录白酒酿造工和培菌制曲工国家职业技能标准（2019 年版）技能要求进行考核。

2. 依据工作记录各项目组进行互评。

3. 各项目组提交产品实物、成果记录表，并将照片上传到中国大学 MOOC，由指导教师评价。

六、传承与创新

探究霉菌、酵母菌生命之旅

（一）霉菌、酵母菌的基本特性

1. 霉菌

（1）概念　霉菌是形成分枝菌丝的真菌的统称，指凡是在基质上长成绒毛状、棉絮状或蜘蛛网状的丝状真菌，其菌丝体比较发达而又不产生大型子实体。

（2）分布　①分布广泛，霉菌在自然界几乎无所不在，种类丰富，数量巨大。②在自然界中，霉菌是各种复杂有机物，尤其是数量最大的纤维素、半纤维素和木质素的主要分解菌。③大多情况下，霉菌在湿润、偏酸性的环境下容易生长。

（3）危害　①引起霉变：可造成食品、生活用品以及一些工具、仪器和工业原料等的霉变。②引起植物病害：真菌大约可引起3万种植物病害。如水果、蔬菜、粮食等植物的病害。③引起动物疾病：不少致病真菌可引起人体和动物病变。④产生毒素，引起食物中毒：霉菌能产生多种毒素，目前已知有100种以上。

（4）形态和结构　霉菌的菌体由分枝或不分枝的菌丝构成。许多分枝菌丝相互交织在一起构成菌丝体。菌丝是中空管状结构，直径$2\sim10\mu m$，由细胞壁、细胞膜、细胞质、细胞核、线粒体、核糖体、内质网及各种内含物等组成。幼龄菌液泡往往小而少，老龄菌具有较大的液泡。

（5）菌落特征　霉菌的菌落大、疏松、干燥、不透明，有的呈绒毛状、絮状或网状等，菌体可沿培养基表面蔓延生长，由于不同的真菌孢子含有不同的色素，所以菌落可呈现红、黄、绿、青绿、青灰、黑、白、灰等多种颜色。

（6）繁殖方式　①菌丝片段；②无性孢子；③有性孢子。

（7）代表属　①毛霉属；②根霉属；③曲霉属；④青霉属；⑤犁头霉属。

2. 酵母菌

酵母菌为椭圆形单细胞微生物，真菌的一种。

（1）形态和结构　一般呈卵圆形、圆形、圆柱形或柠檬形菌落形态，与细菌相似，较大，较厚，呈乳白色或红色，表面湿润、黏稠、易被挑起。具有典型的真核细胞结构，有细胞壁、细胞膜、细胞核、细胞质、液泡、线粒体等，有的还具有微体。

（2）繁殖方式　①无性繁殖（芽殖和裂殖）；②有性繁殖（子囊孢子）。

（3）菌种种类　①酿酒酵母；②葡萄酒酵母；③生香酵母。

（二）微生物生长的基本知识

1. 白酒中有益菌和有害菌

（1）有益菌　①霉菌；②酵母；③细菌；④放线菌。

（2）有害菌　①有害霉菌；②野生酵母；③有害细菌。

2. 白酒酿造中微生物的分布

分布很广，从原料、用水、空气、曲、醋和醪、糟到场地、工（用）具、设备、窖池、人手和鞋都有。

3. 白酒微生物的生存条件

（1）营养

①水分：一切其他营养成分，都要先溶解于水中，才能通过微生物的细胞膜进入细胞内；细胞内酶的合成等生理生化反应，也必须在水溶液中进行。

②碳源：凡能供给微生物碳素营养的物质均称为碳源。

③氮源：凡能供给微生物氮素营养的物质均称为氮源。

④无机盐类：无机盐是构成菌体及酶，以及促进酶作用的成分。

⑤生长素：狭义的生长素是指维生素。

（2）环境

①温度：微生物的生长温度范围为 $0 \sim 80 ℃$，有些微生物还能在更低的温度下生长。每个菌株按其生长速度可分为 3 个温度界限，即最低生长温度、最适生长温度及最高生长温度。

②pH：微生物细胞的原生质膜具有胶体的性质，每个菌在一定的 pH 范围内，原生质带正电荷，而在另一个 pH 范围内，原生质带负电荷。

③需氧状况：各菌株的需氧状况不同，有的厌氧，有的需微量氧，有的则需要较多的氧才能生长或发酵。

④界面：指气相、液相、固相之间的接触面。

（三）根霉曲生产固态法小曲白酒的特点

根霉曲本身的酶系特性是以根霉细胞中含有丰富的糖化型淀粉酶及一定酒化酶系为主；另外还含有一些产生小曲酒香味前体物质的酶。因此，根霉曲不仅可保证提高小曲酒的风味和质量；同时具有用曲量少，出酒率高，生产操作简便，发酵周期短，资金占用少，周转快等特点。

根霉是黄酒和小曲酒的糖化菌，使用根霉曲川法小曲白酒的生产传统上采用整粒原料，所酿造小曲酒的常见的工艺流程如下：

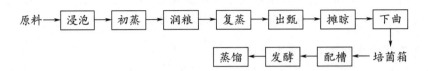

制曲和酿酒操作中以感官经验为主，世代相传。根霉曲发酵过程中可产生较多的风味物质，从而构成了根霉曲酒的主体香味成分—乙酸乙酯与乳酸乙酯的含量较高，醇厚感特别强，入口醇和，回味悠长等特点。

课程资源

固体斜面培养基的制备

接种培养制曲种

试管培养与扩大培养

保温培养

麸曲质量标准

培菌温度和湿度变化过程

小曲生产新技术

项目三　清香型小曲白酒酿造

一、任务分析

本任务是进行清香型小曲酒的生产，主要任务包括泡粮、初蒸、焖水、复蒸、出甑、摊晾、下曲、发酵及发酵期间的管理，本任务以符合质量标准的高粱或玉米、小麦为原料，经原料糊化、下曲糖化和发酵过程，生产出小曲酒。

（1）工艺流程

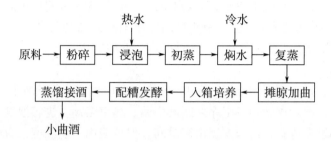

（2）影响本任务完成效果的关键因素包括原料质量、原料的糊化程度、入箱培菌条件、发酵起始温度、发酵时间。

（3）根据工艺要求，以 10 人为一个小曲酒生产班组，用原料小麦 300kg，以产出的小曲酒质量和产量为依据，结合生产过程的原始记录，进行综合考核。

二、知识学习

（一）线上预习

请扫描二维码学习以下内容：

小曲清香白酒酿造工艺

（二）重点知识

酒厂多以高粱、玉米、小麦等原料生产小曲酒。在实际生产过程中以"定时定温"的原则糊化粮食，因为原料不同，其淀粉、蛋白质、纤维等含量不同，构成的组织紧密程度也不相同。熟粮成熟度的检查是以熟粮重与感官相结合的办法为标准的。

1. 摊晾、下曲

将熟粮摊晾到一定温度后，要向熟粮中加曲，加曲量因原料而异，一般为原粮的 0.3%～0.4%，有的原料如玉米须高些，约为 0.7%。采取高温吃曲法，在熟粮温度为 50~60℃时，进行第 1 次下曲，用曲量约为总量的 1/3，即放置 1 个空簸箕，将摊晾簸箕的熟粮倒入这个空簸箕中，依次翻转完毕；在熟粮温度为 40~50℃时，进行第 2 次下曲，用曲量约为总量的 1/3，用手翻匀刮平，厚度应基本一致；在熟粮冷至 35~40℃时，进行第 3 次下曲，用曲量约为总量的 1/3，最后将事先预留的 5%用曲量用作箱上底面曲药后即可将下曲熟粮入箱培菌。为了防止杂菌感染，要求该操作在 2h 内完成。

2. 培菌

培菌要做到"定时定温"。定时，即在一定时间内，箱内保持一定的温度变化。定温，即要求做到各工序之间的协调。如室温高，进箱温度过高，就必须控制料层厚度适宜并适当缩短出箱时间。保持箱内一定温度，有利于根霉与酵母菌的繁殖，抑制杂菌的生长。根据天气的变化，确定相应的入箱温度和保持一定时间内的箱温变化，可达到定时的目的。总之，要求培菌完成后出甜糟箱，冷季出泡子箱或点子箱；热季出转甜箱，不能出培菌时间过长的老箱。做到"定时定温"必须注意下列几点。

（1）入箱温度　通过摊晾的方法来调节入箱温度的高低。摊晾要做到熟粮温度基本均匀，就能保证入箱温度适宜。

（2）保好箱温　粮曲入箱后，及时加盖竹席或谷草垫以保证入箱温度为 25℃。草垫可稳定箱内温度变化，当入箱 10~12h 后温度提高 1~2℃。热季加盖竹席，保持培菌糟水分，适当减少箱底席下的谷壳，调节料层厚度。当箱温高于 25℃的室温时，盖少许配糟在箱上即可。

（3）清洁卫生　保持晾堂干净，摊晾簸箕、箱底和竹席及工具须经清洗晒干后方可使用，以防杂菌侵入。

（4）按季节气温高低控制用曲量　曲药用量会直接影响箱温上升速度和出箱时间。在室温 23℃，入箱温度 25℃，出箱温度 32~33℃，培菌时间 24~26h 的条件下，箱内甜糟用手捏出浆液成小泡沫状为宜。

（5）理化指标及感官指标　从糟的老嫩程度等来判别培菌糟的优劣、好坏。理化指标为：糖分 3.5%~5%，水分 58%~59%，酸度约为 0.17，pH 约为 6.7，酵母数为（10~12）×10⁵ 个/g。感官指标以出小花、糟刚转甜为佳，清香扑鼻，略带甜味而均匀一致，无酸、臭、酒味。

3. 定时定温发酵

在入池发酵过程中，要求做到"定时定温"，以确保发酵速度正常，应做好四个合适：①糖分，指箱内甜糟老嫩，即含糖量是否合适，一般为 3.5%~5%；②水分，熟粮与配糟水分是否合适，一般为 58%~59%；③投粮数与配糟比例是否恰当，一般冬季的配糟比为 1∶（3.5~4），热季为 1∶（4~5）；④入池温度是否合适，一般入池温度为 23~25℃，夏季室温 23℃，配糟温度即平室温。定时定温发酵要因季节、粮食品种而异。玉米发酵周期为冬季7d，夏季6d；高粱、小麦原料发酵周期冬季为6d，夏季5d。在整个发酵过程中须对发酵时升温情况加以控制。一般前期发酵（入池发酵24h后）升温缓慢，温度升高2~4℃；主发酵期（发酵48h后）升温猛，温度升高5~6℃；后发酵期（发酵72h后）升温慢，温度升高1~2℃；发酵时间在96~120h期间温度稳定无变化；发酵时间在120~144h期间温度下降1~2℃；发酵144h后降温3℃。此发酵温度变化规律，即为正常，此情况下粮食出酒率高。

4. 发酵时间

根据发酵时间确定入池温度。入池温度的高低取决于甜糟与配糟的比例、出箱甜糟的老嫩和温度的高低。若入池条件控制不当，会使发酵速度不正常，如主发酵提前，会使得发酵后期降温幅度大。掌握发酵过程规律，依循"老箱配糟凉、出酒称霸王；嫩箱配糟热、出酒很要得"的规律。此外，发酵池的大小、入池材料的松紧程度等也都影响发酵正常速度，故应掌握以下要点。

（1）培菌甜糟的老嫩程度　甜糟出箱较嫩，发酵速度较慢；甜糟出箱过老，发酵会提前结束。如生产过程中出箱甜糟过嫩，则可通过提高甜糟与配糟温度2℃左右加以调控；如出箱甜糟过老，则可通过入池时，温度降低2~3℃加以调控。

（2）入池温度　温度影响曲药菌种生长速度，为了控制发酵速度，实现"定时定温"的要求，要准确掌握好入池温度。入池温度以23~26℃为宜。

（3）配糟温度　配糟质量及温度高低对入池温度有重大影响。在热季和冬季配糟均要成堆放置，热季保持其水分，冬季保持其温度。热季需在早上5点进行作业，因配糟水分足，散热快，可在短时间内降到所需温度。

（4）培菌糟的摊晾要求　摊晾时间宜短，混合后达到预定温度。混合前甜糟与配糟温度应保持一定差距，即以冬季配糟比甜糟温度低2~4℃、热季低1~2℃为宜。

5. 蒸馏要求

蒸馏过程中应时刻检查是否漏汽跑酒，要求不跑汽、不吊尾、损失少。操作中要将黄水早放，底锅水要净，装甑要边高中低、探汽上甑、均匀疏松、不能装得过满、火力要均匀并控制好冷凝水温度。

装甑时间一般为35~45min。如装甑太快，料醅会相对压得实，高沸点香味成分蒸馏出来就少，如装甑时间过长，则低沸点香味成分损失会增多。

6. 接酒要求

蒸馏接酒时要求截头去尾，摘取酒精含量在63% vol以上的酒，摘酒温度控制在 30℃ 左右。

刚开始流出的酒为酒头，一甑有 0.5kg 左右。在酒头中，主要是一些比酒精更易挥发的低沸点物质，如乙醛、乙酸乙酯、甲酸乙酯（甲醇）等。但杂醇油等高级醇也存在于酒头，主要由于酒精浓度低时，杂醇油（异戊醇、异丁醇等）挥发系数大，蒸到了酒醅上层，经过汽筒冷凝流出，故新酒头邪味大，应舍去。

酒头过后便为前段酒。馏出酒液的酒精度主要以经验观察，即所谓"看花取酒"。让馏出的酒流入一个小的承器内，激起的泡沫称为酒花。开始馏出的酒泡沫较多、较大、持久，称为"大清花"。并且要做到边尝边摘，流酒温度要控制在 25~30℃。随着酒液不断流出，酒花泡沫变小，逐渐细碎，但仍较持久，此时酒精度也开始降低，此时的酒花称为"二清花"，即中段酒。再往后的酒花称为"小清花"或"绒花"，此时的酒称为后段酒。

在"小清花"以后的一瞬间就没有酒花了，称为"过花"。此后所摘的酒均为酒尾。"过花"以后的酒尾，先呈现大泡沫的"水花"，酒精度为 28%~35%vol。此时可开大汽门，气压控制在 0.075~0.080MPa，酒尾中有大量香味物质，乳酸乙酯，白酒中不可缺少，又不可太多，含量控制在 40~200mg/100mL，过多酒味发涩。酒尾可用于勾兑液态白酒。亚油酸乙酯、油酸乙酯、棕榈酸乙酯等高级脂肪酸酯类，分子质量大，不溶和难溶于水，在酒中的溶解度随酒精度升高而升高。这些高级脂肪酸乙酯和乳酸乙酯构成了酒尾的主要酯类，是呈口味极好的物质。所以，蒸馏时必须正确掌握好去头去尾操作，避免去尾过早，大量香味物质损失。

7. 注意事项

（1）若发酵糟特别是下层发酵糟水分过高，则应适当增加熟糠用量。

（2）底锅水要清洁，避免给酒带来异味，影响酒质；上甑时必须探汽装甑，不能见汽装甑，否则会降低出酒率。

（3）川法小曲酒的经验总结是"稳、准、匀、适、透"，即操作和配料要稳；糖化发酵条件控制要准；泡、焖、蒸粮时上下吸水要均匀，摊晾、入箱温度要均匀；温度、水分、时间、酸度要合适；泡粮、蒸粮要透心等。只有真正掌握了上述要点，才能获得高的出酒率。

三、实践操作

【步骤一】原料的糊化

1. 原料的浸泡

以沸水浸泡高粱（糯高粱），放出的闷粮水浸泡玉米，浸泡时间为 8~10h，而以冷凝器中放出的 40~60℃ 的热水浸泡小麦 4~6h。待粮食淹水后翻动刮平，要求水位淹过粮面20~25cm。在冬天，由于气温低需加木盖保温。浸泡过程中为避免产酸，不可搅动粮食。到规定时间后放去泡粮水，在泡粮池中润粮。待初蒸时检查粮食的增重，通常为原粮的145%~148%，剖开粮粒检查，要求透心率约在95%以上。

2. 原料的初蒸

烧开甑底锅水，将粮装甑初蒸，装粮时要求做到轻倒匀撒，逐层装甑，使蒸汽上得均匀。装满甑后，使用木刀在甑内壁划小沟，要求宽约2.5cm、深约1.5cm，接下来将粮面刮平，使全甑穿汽均匀，以避免蒸粮时冷凝水滴入甑边的熟粮中。加盖蒸料，要求火力大而均匀，使粮食骤然膨胀，促使细胞膜破裂，在焖水时粮食吸足水分。一般的初蒸时间（从圆汽到加焖水止）控制在：粳高粱为16~18min，糯高粱、小麦为14~18min，玉米至圆汽不超过50min，初蒸17~18min（贵州为2~2.5h）。

3. 原料的焖水

将冷凝器中的热水放入甑底内，要求焖水淹过粮层20~25cm。糯高粱、小麦敞盖焖水时间为20~40min，粳高粱敞盖焖水为50~55min。小麦焖水，将温度计插入甑算处，水温应升到70~72℃。检查粮食的吸水柔熟状况，要求用手轻压即破，不顶手，裂口率达90%以上，大翻花少之时，才开始放去焖水，在甑内"冷吊"。玉米放足焖水淹过粮面20~25cm，盖上尖盖，尖盖与甑口边衔接处塞好麻布片。在尖盖与甑口交接处选一缝隙，将温度计插入甑内二分之一处，大火加热到95℃，即闭火。焖粮时间为120~140min。感官检查要求：熟粮裂口率95%以上，大翻花少。在粮面撒谷壳3kg，以保持粮面水分和温度。随即放出焖水，在甑内"冷吊"。次日早上"拔火"复蒸。若初蒸时间长点，则焖水时间可短些，即为"长蒸短焖"。

4. 原料的复蒸

第二日凌晨2~4点，用3个簸箕装谷壳15kg（够蒸300kg粮食），放于甑内粮面（出熟粮时垫簸箕及箱上培菌用）。盖上尖盖，塞好麻布片，"拔火"复蒸。待全甑圆汽后开始计时，高粱、小麦及玉米复蒸时间分别为60~70min、60~70min及100~120min，敞尖盖再蒸10min，冲去粮面"阳水"。出甑时熟粮重为原粮的215%~227%较适宜。

【步骤二】摊晾培菌、入池发酵

1. 熟粮出甑

待出甑时，将晾堂和簸箕打扫干净，将簸箕摆好，并在簸箕内放少许谷壳（已灭菌）。在敞尖盖冲"阳水"时，即将簸箕和锨（铁、木锨）放入甑内粮面杀菌。出甑时，端出熟粮，倒入簸箕中摊晾。

2. 摊晾、下曲

出粮完毕，用锨拌粮，要求做到"后倒先翻"，厚薄和温度基本一致。插4支温度计，视温度适宜时下曲。一般分3次下曲，在熟粮温度为50~60℃、40~50℃、35~40℃时，分别进行下曲，各次用曲量分别约为总用曲量的1/3。

3. 入箱培菌

待熟粮下曲后，将其转入箱内进行培菌，一般入箱温度为24~25℃，出箱温度为32~34℃；培养菌体时间的长短视季节冷热而定，一般为22~26h。

4. 入池发酵

一般入池温度为23~25℃，夏季室温23℃，配糟温度即平室温。玉米冬季发酵7d，夏季发酵6d；小麦、高粱冬季发酵6d，夏季发酵5d。

【步骤三】装甑蒸馏操作

（1）先放出发酵窖池内的黄水，次日再出池蒸馏。

（2）洗净甑底锅，盛水。盛水量要合适，要求水离甑箅17~20cm。

（3）撒一层熟糠于甑箅上，同时揭封窖泥，刮去面糟留着与底糟一并蒸馏，蒸馏后为丢糟。

（4）挖出发酵糟2~3簸箕待用，待底锅水煮开后即可上甑，边挖边上甑，要求疏松均匀地旋散入甑，探汽上甑，保持疏松均匀和上汽平稳。

（5）装甑满后，用木刀刮至四周略高于中间，垫围边，盖云盘，安装过汽筒，准备接酒。

（6）接酒，待接酒结束，将蒸馏的糟子堆放在晾堂上，用作下排配糟。囤撮个数和堆放形式，可视室温变化而定。

工作记录

工作岗位：　　　　　项目组成员：　　　　　　　　指导教师：

项目编号		项目名称	
任务编号		任务名称	
生产日期		气温/湿度	
产品产量要求			
产品质量要求			

开工前检查

场地和设备名称	是否合格	不合格原因	整改措施	检查人
粉碎装置				

续表

场地和设备名称	是否合格	不合格原因	整改措施	检查人
电源				
水源				
水源装置				
运输装置				
培菌装置				
蒸馏装置				
复核人：　年　月　日		审核（指导教师）：		年　月　日

物料领取

名称	规格	单位	数量	单价	领取人
小曲					
粮食					
复核人：		年　月　日	审核（指导教师）：　年　月　日		

工作过程记录

操作步骤	开始/结束时间	操作记录	偏差与处理	操作人/复核人
粉碎				
润料操作				
初蒸操作				
复蒸操作				
摊晾培菌				
入池发酵				
出池操作				
蒸馏操作				
场地清理				
设备维护				

成果记录

产品名称	数量	感官指标	理化指标	产品质量等级	产品市场估值/元
小曲酒					
复核人：　　　　　　年　月　日			审核（指导教师）：　　　　年　月　日		

四、工作笔记

1. 小曲酒生产对原料有哪些要求？

_____

_____

_____

2. 如何控制小曲酒生产时的培菌时间有多久？

_____

_____

_____

3. 小曲酒生产的关键控制点有哪些？

_____

_____

_____

4. 本项目碳排放数据收集，包括涉及的步骤和降耗降碳措施的探讨。

_____

_____

_____

五、检查评估

（一）在线测验

模块四项目三测试题

请填写测验题答案：

_____

_____

_____

_____

（二）项目考核

1. 依据工作记录各项目组进行互评。

2. 各项目组提交成果记录表，并将照片上传到中国大学 MOOC，由指导教师评价。

3. 根据生产数据在数字化生产管理软件中填写的完整性和分析结果的准确性进行综合评价。

六、传承与创新

川法小曲酒的风格和质量的探究

川法小曲酒中含有种类多、含量高的高级醇类和乙酸乙酯、乳酸乙酯，并含有一定量的乙醛和乙缩醛，除乳酸、乙酸之外还含有适量的丙酸、戊酸、异丁酸、异戊酸等较多种类的有机酸，以及微量的庚醇、β-苯乙醇、苯乙酸乙酯等成分，有其自身特定香味成分的组成和量比关系。

川法小曲酒，具有其自身独特的风格，确定为小曲清香型，其具有明显幽雅的"糟香"，与大曲清香、麸曲清香有所不同。其风格可概括为：无色透明，醇香清雅，酒体柔和，回甜爽口，纯净怡然。

可以从以下几方面改进其工艺和质量。

（1）提高酒的醇和度和香味，可通过适当延长贮存期和提高小曲酒中的乙酸乙酯、乳酸乙酯的含量实现。其办法是适当延长发酵期，以利于增香；引入生香酵母增香；改进蒸馏方式，如按质摘酒，以香醅和酒醅串蒸等。

（2）重视小曲酒的勾兑和调味，在了解香味成分的组成上，进一步研制更有实用价值的调味酒。

（3）严控酒中高级醇的含量，摸索并确定异丁醇、异戊醇在酒中的控制范围，以突出酒的优良风格。

（4）推广应用活性干酵母和糖化酶，提高小曲酒的出酒率。采用这一技术，是在原工艺条件下进行，可提高出酒率和克服夏季"掉排"现象。其使用方法为：活性干酵母含酵母 3×1010 个/g，用量为 1×10^7 个/g 原料。先将干酵母加4倍以上的水进行复水，加糖4%，调温度为38~40℃；15~20min后再加干酵母量5倍以上的水，调糖度为4%，温度为28~32℃，活化1~2h。糖化酶的用量为40U/g原料。将干酵母的复水活化与糖化酶的溶解同时进行，原工艺不变，只需将活化好的混合液均匀地泼入糟醅上拌匀，入池发酵即可。

家庭小曲白酒生产技术的研究

白酒的家庭制法流程如下。

（1）购置5~10kg容量的泡菜坛一个。

（2）用清水洗净坛子，晾干，在发酵前烫一下或用酒精消毒。

（3）洗米甜酒曲一包8g，每包可做2~2.5kg糯米或大米，可根据所需量洗米。

（4）泡米糯米洗净后泡16~24h，浸泡至用手能捻碎即可，大米不用浸泡，洗净即可。

（5）蒸饭用"微波炉"法制作酒饭，效果不错。将大米或糯米或其他粮食用热水浸泡2~4h，淘洗干净，放入微波炉专用饭锅（装满2/3）按1∶0.5（0.5kg米∶0.25kg水）比例加入矿泉水（散装的），或自来水也行，水没过米1cm左右就可以；设定时间20min，调节火力为80%，按"开始"。微波炉报警后略等10min，然后将饭出锅摊开晾凉；紧接着蒸第二锅……第三锅……直到全部饭煮完。此法煮出的酒饭均匀，真正"熟而不黏"，与传统法蒸出的酒饭基本一致。缺点是需要进行多次蒸饭，不适合批量生产。也可以像平常做米饭一样，用其他方法，只要蒸熟就可以了。

（6）将蒸熟的酒饭彻底晾凉，用手摸至感觉不到热为止，否则容易将酒曲烫死。

（7）拌酒曲用一个烫过或酒精消过毒的干净盆，将凉透的酒饭用适量冷开水打散，撒曲拌匀，如果太干，可多加一些冷开水，但所有操作过程中绝对不能流入生水和油。

（8）酒饭入坛先在消过毒的坛底撒一些酒曲，然后将拌匀酒曲的酒饭倒入坛中，在倒入过程中也可在中间再撒一些酒曲，最后用消过毒的手或勺子将酒饭压实，中间掏一个洞，称为酒窝，把最后剩下的酒曲倒在表面和酒窝中。

（9）发酵糖化酒饭入坛后，将坛口用碗盖住封口，用冷开水将坛口封住，室内温度约20℃，过3d就差不多发好了，此时打开碗口，可看到酒窝中有酒水，如果转动坛子，酒饭可在坛中转动，即为接种发酵糖化成功，此为固体发酵，也就是我们平常吃的醪糟，这称为一次发酵，也就是发酵糖化，即把大米中的淀粉转化为单糖—葡萄糖。如果吃醪糟，此时就可以吃了；如果做白酒，还要经过二次液体发酵。

（10）干酵母的复水活化干酵母的加入量为米的0.12%，即500g米用0.6g干酵母。用杯子盛30℃左右的温水，内加少许白糖，再把称好的干酵母加入其中，用筷子搅拌使其沉入水中，放置几分钟后，杯中开始泛起小泡，便倒入矿泉水或凉开水中，然后搅拌均匀。用副食商店购买做馒头用的干酵母作发酵剂用，把单糖、葡萄糖转化为乙醇，也就是酒精。

（11）二次发酵将复水活化的干酵母按0.5kg米加1kg矿泉水（凉开水也可以，只是质量差点）加入发酵坛中，再次将封口碗盖好，并用冷开水将坛口密封，进入主发酵过程，约3周，完成发酵过程，准备蒸馏，注意坛中必须保持干净，绝对不能让生水和油流入。

（12）蒸馏采取液态法蒸馏，将发酵料用过滤网过滤，液体部分进行蒸馏，固体部分仍然可以当醪糟吃。

（13）蒸馏采用冷凝法加热设备是电磁炉、天然气炉或煤炉，锅是28cm的不锈钢压力锅或其他压力锅，连接管是硅胶管，冷凝器是螺旋铜管。硅胶管可在化工玻璃仪器商店买直径6~9mm的医用硅胶管，1m左右就够了，然后一分为二，一条一头接高压锅出汽口，一头接冷凝的螺旋铜管。另一条一头接冷凝器的螺旋铜管，一头接盛酒的容器。冷凝器的螺旋铜管可自制。先在制冷设备商店买一段直径6~9mm的铜管，1m左右就够了，然后用手工弯成一个直径约40mm左右的螺旋铜管。将以上设备连接好后，将冷凝器的螺旋铜管放在一个盛满冷水的盆中，就可以开始蒸馏了。最好准备两盆冷水，当一盆水烫手时，马上将冷凝器放入另一盆冷水中，交替冷却。

（14）出酒蒸馏时先用大火烧开，沸腾后改用中火，很快酒就源源不断地蒸出来了，这时可用一个玻璃试管接一些酒，用酒精计测量酒精度。酒精计可在化工仪器商店买到，当酒精度接近0时，蒸馏就结束了。这时容器中的酒，约为20%vol。

（15）高度酒一般一次蒸馏完酒精度约为20%vol，二次蒸馏完约为40%vol，三次蒸馏完为50%~70%vol，可根据所需要的酒的度数，决定蒸馏的次数。也可以将度数高的头酒直接接出存放，只蒸馏后面度数低的酒，这样可减少蒸馏次数。

（16）陈酿刚蒸馏出的酒一般比较烈，口感不太好，如果能放置一段时间，酒会柔和一些，所以建议最好将酒放置一段时间再喝，这样口感会好一些。

说明：以上是一般的制酒过程和器具，有些是可以变通的，比如，发酵坛可用塑料桶、玻璃瓶、锅、盆等替代，封口可用保鲜膜代替，有时一次没有很多可蒸馏的液体部分，可以将每次做醪糟时的液体攒起来，存放在一个容器中继续发酵，直到够一次蒸馏时再做酒，这样可减少蒸馏次数。另外，做好的酒最好标上时间、度数，以防时间长了忘记了。高度酒相对于低度酒味要更醇香一些，所以如果陈酿的话，最好蒸馏到70%vol以上保存为好。总之，做酒成功的关键是不能见生水和油，所用的器具不管是用什么代替，都要用开水烫过或用酒精消毒，保持干净，这样才能保证不失败。

白酒的家庭贮藏方法如下。

（1）最好用玻璃瓶，这样酒不易"跑度"，因为陶瓶质地比较疏松，酒容易渗透。

（2）瓶盖不要打开，保持原封装，并用小塑料袋或塑料薄膜套住口扎紧，再用泥封好口，减少酒的"风耗"。也可只用蜡把口封好。

（3）避光贮存，如要埋入地下，不要直接与泥土接触，可以放在一个大罐子里或缸里，再埋入地下。

（4）温度非常重要，不要超过20℃，也不要低于0℃。

（5）酒并非越陈越好，特别是对于米香型和清香型的白酒，最好不要长期贮存，因为容易失去原有的香型特点，甚至出现苦涩味；酱香型和浓香型的白酒贮存期可适当长些。

附录一　国家职业技能标准白酒酿造工（2019 年版）

说　明

　　为规范从业者的从业行为，引导职业教育培训的方向，为职业技能鉴定提供依据，依据《中华人民共和国劳动法》，适应经济社会发展和科技进步的客观需要，立足培育工匠精神和精益求精的敬业风气，人力资源社会保障部组织有关专家，制定了《白酒酿造工国家职业技能标准》（以下简称《标准》）。

　　一、本《标准》以《中华人民共和国职业分类大典（2015 年版）》（以下简称《大典》）为依据，严格按照《国家职业技能标准编制技术规程（2018 年版）》有关要求，以"职业活动为导向、职业技能为核心"为指导思想，对白酒酿造工从业人员的职业活动内容进行了规范细致描述，对各等级从业者的技能水平和理论知识水平进行了明确规定。

　　二、本《标准》依据有关规定将本职业分五级/初级工、四级/中级工、三级/高级工三个等级，包括职业概况、基本要求、工作要求和权重表四个方面的内容。本次修订内容主要有以下变化：

　　——根据行业实际情况，将原有五个等级缩减为三个等级，并与酿酒师中的两个等级对接。

　　——对各等级白酒酿造工的技能要求及相关知识要求进行了适当修改。

　　——顺应时代和社会要求，强化了酒业生产安全及环境保护的技能要求和相关知识要求。

　　三、本《标准》主要起草单位有：中国酒业协会、四川省宜宾五粮液集团、泸州老窖集团有限责任公司、江苏洋河酒厂股份有限公司、江南大学、宜宾多粮浓香白酒研究院、中国贵州茅台酒厂（集团）有限责任公司、山西杏花村汾酒厂股份有限公司、泸州老窖股份有限公司、山东扳倒井股份有限公司、河北衡水老白干酒业股份有限公司、四川省酿酒研究所。主要起草人有：宋书玉、甘权、赵东、张良、周新虎、赵国敢、徐岩、刘友金、吕云怀、韩建书、张宿义、张锋国、李泽霞、杨官荣。

四、本《标准》主要审定单位有：中国酒业协会、四川省古蔺郎酒厂有限公司、四川剑南春股份有限公司、贵州茅台酒股份有限公司、四川宜宾五粮液股份有限公司、江苏洋河酒厂股份有限公司、贵州茅台酒股份有限公司、四川省酿酒研究所。主要审定人员有：葛向阳、毛雪、彭毅、徐姿静、万波、彭志云、陈力、冯木苏、黄志瑜。

五、本《标准》在制定过程中，得到人力资源社会保障部职业技能鉴定中心荣庆华、葛恒双、王小兵的指导和大力支持，在此一并感谢。

六、本《标准》业经人力资源社会保障部批准，自公布之日起施行。

白酒酿造工国家职业技能标准（2019 年版）

1　职业概况

1.1　职业名称

白酒酿造工①

1.2　职业编码

6-02-06-03

1.3　职业定义

以粮食或粮食代用料为原料，使用原料处理、发酵等设备和装置，将酒曲和酒母进行固态或液态发酵，蒸馏、勾调和陈化酿制白酒的人员。

1.4　职业技能等级

本职业共设三个等级，分别为：五级/初级工、四级/中级工、三级/高级工。

1.5　职业环境条件

室内，常温。

1.6　职业能力特征

具有敏锐的色觉、视觉、嗅觉和味觉；具有较强的语言表达能力，动作协调；具有一定的计算能力。

1.7　普通受教育程度

初中毕业（或相当文化程度）。

1.8　职业技能鉴定要求

---

① 本职业包含但不限于下列工种：白酒微生物培菌工、白酒酵母工、白酒制曲工、白酒原料粉碎工、白酒发酵工、白酒贮酒工、白酒蒸馏串香工、白酒配酒工、白酒灌装工。

1.8.1　申报条件

具备以下条件之一者，可申报五级/初级工：

（1）累计从事本职业或相关职业①工作1年（含）以上。

（2）本职业或相关职业学徒期满。

具备以下条件之一者，可申报四级/中级工：

（1）取得本职业或相关职业五级/初级工职业资格证书（技能等级证书）后，累计从事本职业或相关职业工作4年（含）以上。

（2）累计从事本职业或相关职业工作6年（含）以上。

（3）取得技工学校本专业或相关专业②毕业证书（含尚未取得毕业证书的在校应届毕业生）；或取得经评估论证、以中级技能为培养目标的中等及以上职业学校本专业或相关专业毕业证书（含尚未取得毕业证书的在校应届毕业生）。

具备以下条件之一者，可申报三级/高级工：

（1）取得本职业或相关职业四级/中级工职业资格证书（技能等级证书）后，累计从事本职业或相关职业工作5年（含）以上。

（2）取得本职业或相关职业四级/中级工职业资格证书（技能等级证书），并具有高级技工学校、技师学院毕业证书（含尚未取得毕业证书的在校应届毕业生）；或取得本职业或相关职业四级/中级工职业资格证书（技能等级证书），并具有经评估论证、以高级技能为培养目标的高等职业学校本专业或相关专业毕业证书（含尚未取得毕业证书的在校应届毕业生）。

（3）具有大专及以上本专业或相关专业毕业证书，并取得本职业或相关职业四级/中级工职业资格证书（技能等级证书）后，累计从事本职业或相关职业工作2年（含）以上。

1.8.2　鉴定方式

分为理论知识考试、技能考核。理论知识考试以笔试、机考等方式为主，主要考核从业人员从事本职业应掌握的基本要求和相关知识要求；技能考核主要采用现场操作、模拟操作等方式进行，主要考核从业人员从事本职业应具备的技能水平。

理论知识考试、技能考核均实行百分制，成绩皆达60分（含）以上者为合格。

---

① 相关职业：啤酒酿造工、黄酒酿造工、果露酒酿造工、酒精酿造工、酿酒师、品酒师等，下同。

② 本专业和相关专业：食品加工与检验食品生物工艺、食品生物技术、酿酒技术、食品加工技术、食品检测技术、食品质量与安全、食品营养与卫生、食品营养与检测、发酵技术、微生物技术及应用、生物技术及应用、酿酒工程、食品科学与工程、生物工程等，下同。

1.8.3　监考人员、考评人员与考生配比

理论知识考试中的监考人员与考生的配比为 1∶15，且每个考场不少于 2 名监考人员；技能考核考评员与考生的配比为 1∶5，且考评人员为 3 人（含）以上单数。

1.8.4　鉴定时间

各等级的理论知识考试时间不少于 90min；技能操作考核累计时间不少于 60min。

1.8.5　鉴定场所设备

理论知识考试在标准教室进行；技能考核在具有粉碎、制曲、发酵（窖、缸、罐）、蒸馏（甑、釜）、储酒、过滤、灌装等设备、设施，通风条件良好，光线充足，安全措施完善的场所进行。

2　基本要求

2.1　职业道德

2.1.1　职业道德基本知识

2.1.2　职业守则

（1）遵纪守法，爱岗敬业。

（2）文明礼貌，和谐友善。

（3）传承匠心，创新技艺。

（4）努力进取，精益求精。

（5）爱护环境，安全卫生。

（6）谦虚谨慎，质量至上。

2.2　基础知识

2.2.1　白酒酿造基础知识

（1）白酒的分类知识。

（2）原辅材料的性能、质量要求。

（3）白酒酿造微生物基础知识。

（4）白酒制曲、酿造、储存、灌装基础知识。

（5）白酒生产工艺基础。

2.2.2　白酒酿造设备、设施知识

（1）粉碎、制曲、发酵、蒸馏、储存、过滤、灌装等设备的结构和特性。

（2）常用量具的使用。

（3）电气设备、仪表的使用。

2.2.3　安全和环保知识

（1）安全生产知识。

（2）工业卫生和食品安全知识。

（3）环境保护知识。

2.2.4 相关法律、法规知识

（1）《中华人民共和国劳动法》相关知识。

（2）《中华人民共和国质量法》相关知识。

（3）《中华人民共和国食品安全法》相关知识。

（4）《中华人民共和国商标法》相关知识。

（5）《中华人民共和国标准化法》相关知识。

（6）《中华人民共和国计量法》相关知识。

（7）《GB 14881—2013 食品安全国家标准 食品生产通用卫生规范》。

（8）《GB/T 23544—2009 白酒企业良好生产规范》。

3 工作要求

本标准对五级/初级工、四级/中级工和三级/高级工的技能要求和相关知识要求依次递进，高级别涵盖低级别的要求。

根据实际情况，本职业鉴定分为九个工种：白酒微生物培菌工、白酒酵母工、白酒制曲工、白酒原料粉碎工、白酒发酵工、白酒贮酒工、白酒蒸馏串香工、白酒配酒工、白酒灌装工。

3.1 五级/初级工

本等级职业功能第1项、7项为共同考核项。其中，白酒原料粉碎工还需考核第2项，白酒微生物培养工、白酒酵母工、白酒制曲工还需考核第3项，白酒发酵工还需考核第4项，白酒贮酒工、白酒蒸馏串香工、白酒配酒工还需考核第5项，白酒灌装工还需考核第6项。

职业功能	工作内容	技能要求	相关知识要求
1. 生产准备	1.1 物料准备	1.1.1 能对物料进行计量操作 1.1.2 能识别物料种类	1.1.1 称重器具使用方法 1.1.2 物料分类知识
	1.2 设备检查	1.2.1 能将设备定置定位 1.2.2 能检查设备运行状态 1.2.3 能识读仪表	1.2.1 设备定置定位方法 1.2.2 设备运行状态检查方法 1.2.3 仪表指数识读方法
	1.3 清洁卫生	1.3.1 能使用清洁工具进行现场清洁 1.3.2 能对设备、设施进行卫生清洁	1.3.1 食品企业卫生规范 1.3.2 设备、设施、公用具清洁要求
2. 粉碎	2.1 酿酒原料粉碎	2.1.1 能使用酿酒原料粉碎设备进行粉碎操作 2.1.2 能按酿酒原料工艺要求设置参数	2.1.1 酿酒原料粉碎设备操作规程 2.1.2 粉碎设备参数设置方法

续表

职业功能	工作内容	技能要求	相关知识要求
2. 粉碎	2.2 制曲原料粉碎	2.2.1 能使用制曲原料粉碎设备进行粉碎操作 2.2.2 能按制曲原料工艺要求调整仪表数值	2.2.1 制曲粉碎设备操作规程 2.2.2 制曲原料粉碎度工艺要求
	2.3 成品曲粉碎	2.3.1 能使用成品曲原料粉碎设备进行粉碎操作 2.3.2 能按成品曲工艺要求调整仪表数值	2.3.1 成品曲粉碎设备操作规程 2.3.2 成品曲粉碎度工艺要求
3. 制曲	3.1 压曲成型	3.1.1 能按工艺要求进行拌料操作 3.1.2 能按工艺要求进行曲坯成型操作	3.1.1 制曲原料知识 3.1.2 曲坯制作操作方法
	3.2 入室培养	3.2.1 能按工艺要求将曲醅摆放入室 3.2.2 能测定、记录培养房的温度、湿度	3.2.1 曲醅摆放工艺要求 3.2.2 温度计、湿度计的使用方法 3.2.3 记录表填写方法
	3.3 成曲管理	3.3.1 能完成曲块贮存记录填写 3.3.2 能完成曲库环境数据记录填写	3.3.1 成曲培养房记录填写方法 3.3.2 成曲储存知识 3.3.3 成曲库环境数据测量方法
4. 酿酒	4.1 配料	4.1.1 能按工艺操作要求配料 4.1.2 能按工艺要求记录配料参数	4.1.1 配料操作方法 4.1.2 工艺操作记录方法
	4.2 上甑蒸馏（蒸煮）	4.2.1 能按工艺要求准备上甑物料 4.2.2 能按工艺要求记录上甑蒸馏（蒸煮）参数	4.2.1 蒸煮物料准备操作规程 4.2.2 原料蒸煮知识
	4.3 摊晾加曲	4.3.1 能完成出甑操作 4.3.2 能对糟醅进行降温操作 4.3.3 能按工艺要求填写摊晾记录	4.3.1 出甑操作方法 4.3.2 工艺操作记录方法
	4.4 发酵管理	4.4.1 能完成物料入发酵容器操作 4.4.2 能巡查发酵情况并填写记录	4.4.1 物料入发酵容器操作要点 4.4.2 发酵记录检查方法

续表

职业功能	工作内容	技能要求	相关知识要求
5. 勾储	5.1 分级入库	5.1.1 能填写白酒存储产品信息单 5.1.2 能完成产品信息标签挂放	5.1.1 产品信息单填写方法 5.1.2 产品信息标签挂放要求
	5.2 陈酿管理	5.2.1 能对酒库进行日常巡检 5.2.2 能发现陈贮设备滴漏等常见问题 5.2.3 能填写酒库日常记录表单	5.2.1 酒库管理知识 5.2.2 陈贮设备检查方法 5.2.3 酒库日常表单记录方法
	5.3 勾调出库	5.3.1 能按要求完成加浆操作 5.3.2 能使用过滤设备进行过滤操作	5.3.1 加浆操作方法 5.3.2 过滤设备操作规程
6. 包装	6.1 清洗	6.1.1 能使用设备清洗酒瓶 6.1.2 能将清洗后的酒瓶及瓶盖控干	6.1.1 包装瓶知识 6.1.2 洗瓶的一般要求 6.1.3 洗瓶机操作规程
	6.2 灌装	6.2.1 能使用灌装设备完成白酒灌装操作 6.2.2 能根据产品分类工艺要求检查灌装机参数	6.2.1 灌装知识 6.2.2 灌装设备操作规程
	6.3 压盖	6.3.1 能使用压盖设备完成酒瓶压盖 6.3.2 能根据瓶盖种类检查压盖机参数	6.3.1 压盖知识 6.3.2 压盖设备操作规程
	6.4 贴标	6.4.1 能完成贴标操作 6.4.2 能检查标签外观完整性	6.4.1 贴标操作方法 6.4.2 标签合格检查标准
	6.5 装箱（装盒）	6.5.1 能完成装箱（叠盒、装盒）操作 6.5.2 能按照要求加盖生产日期、批号 6.5.3 能使用封箱设备完成封箱	6.5.1 产品标注知识 6.5.2 产品包装知识 6.5.3 封箱设备操作规程
7. 过程检验	7.1 原辅料质量验证	7.1.1 能检查原辅料外观质量 7.1.2 能检查原辅材料投放顺序	7.1.1 原辅料的外观特性 7.1.2 原辅料投放顺序
	7.2 过程参数验证	7.2.1 能识读生产过程中的参数 7.2.2 能复核参数与工艺文件要求的一致性	7.2.1 参数识读方法 7.2.2 工艺文件对参数设定的要求

3.2 四级/中级工

本等级职业功能第 1 项、7 项为共同考核项。其中，白酒原料粉碎工还需考核第 2 项，白酒微生物培养工、白酒酵母工、白酒制曲工还需考核第 3 项，白酒发酵工还需考核第 4 项，白酒贮酒工、白酒蒸馏串香工、白酒配酒工还需考核第 5 项，白酒灌装工还需考核第 6 项。

职业功能	工作内容	技能要求	相关知识要求
1. 生产准备	1.1 物料准备	1.1.1 能按工艺要求完成物料准备 1.1.2 能对物料使用情况进行记录	1.1.1 原辅料基础知识
	1.2 设备检查	1.2.1 能完成设备运行操作 1.2.2 能按工艺要求设定设备参数	1.2.1 设备运行操作方法 1.2.2 设备参数设定方法
	1.3 清洁卫生	1.3.1 能按工艺要求检查现场清洁程度 1.3.2 能按工艺要求检查设备、设施清洁度	1.3.1 设备、设施、公用具清洁标准
2. 粉碎	2.1 酿酒原料粉碎	2.1.1 能根据不同酿酒原料进行粉碎设备参数调整 2.1.2 能检查酿酒原料粉碎度是否符合工艺要求	2.1.1 不同酿酒原料粉碎参数标准 2.1.2 酿酒原料粉碎度检查方法
	2.2 制曲原料粉碎	2.2.1 能依据不同制曲原料进行粉碎设备参数调整 2.2.2 能检查制曲原料粉碎度是否符合工艺要求	2.2.1 不同制曲原料粉碎参数标准 2.2.2 制曲原料粉碎度检查方法
	2.3 成品曲粉碎	2.3.1 能依据不同成品曲进行粉碎设备参数调整 2.3.2 能检查成品曲粉碎度是否符合工艺要求	2.3.1 不同成品曲粉碎参数标准 2.3.2 成品曲粉碎度检查方法
3. 制曲	3.1 压曲成型	3.1.1 能检查压曲原料备料情况 3.1.2 能按工艺完成不同种曲的压制操作	3.1.1 压曲原料准备要求 3.1.2 不同种类曲块压制操作方法
	3.2 入室培养	3.2.1 能对曲醅质量进行感官检查 3.2.2 能按工艺要求调整培养房的温度、湿度	3.2.1 曲醅质量感官鉴评方法 3.2.2 培养房温度、湿度调控方法
	3.3 成曲管理	3.3.1 能观察并记录成曲存贮期间质量变化 3.3.2 能检查成曲异常问题	3.3.1 成曲质量变化知识 3.3.2 成曲异常情况分类知识

续表

职业功能	工作内容	技能要求	相关知识要求
4. 酿酒	4.1 配料	4.1.1 能按工艺要求设定配料参数 4.1.2 能检查物料符合工艺要求	4.1.1 酿酒配料标准 4.1.2 酿酒配料操作检查方法
	4.2 上甑蒸馏（蒸煮）	4.2.1 能按工艺要求完成上甑蒸馏（蒸煮）物料操作 4.2.2 能依工艺要求控制上甑蒸馏（蒸煮）参数	4.2.1 上甑操作规程
	4.3 摊晾加曲	4.3.1 能按槽醅温度对降温操作方法进行调整 4.3.2 能完成添加糖化发酵剂操作	4.3.1 降温操作调整方法 4.3.2 糖化发酵剂添加操作方法
	4.4 发酵管理	4.4.1 能调整物料入发酵容器操作方法 4.4.2 能封闭发酵容器口	4.4.1 物料入发酵容器封闭操作方法 4.4.2 发酵容器封闭操作方法 4.4.3 发酵知识
5. 勾储	5.1 分级入库	5.1.1 能检查白酒存储信息单填写完整性 5.1.2 能按要求进行分类入库操作	5.1.1 分级入库操作方法 5.1.2 存储信息单检查方法
	5.2 陈酿管理	5.2.1 能监控并记录酒库环境数据 5.2.2 能检查酒库存储设备状态 5.2.3 能对存贮产品信息单与实物进行复核	5.2.1 温度、湿度数据记录方法 5.2.2 存贮产品信息检查方法
	5.3 勾调出库	5.3.1 能根据勾调方案进行组合酒操作 5.3.2 能根据勾调方案调整过滤参数	5.3.1 加浆操作调整方法 5.3.2 组合酒操作方法 5.3.3 过滤设备参数调整方法
6. 包装	6.1 清洗	6.1.1 能检查酒瓶清洗洁净度 6.1.2 能检查清洗完毕酒瓶完整性	6.1.1 酒瓶清洗洁净度标准 6.1.2 酒瓶完整性检查方法
	6.2 灌装	6.2.1 能检查灌装机运行状态 6.2.2 能根据产品分类对灌装机参数设定进行调整	6.2.1 灌装机运行情况检查方法 6.2.2 灌装设备参数调整方法

续表

职业功能	工作内容	技能要求	相关知识要求
6. 包装	6.3 压盖	6.3.1 能检查压盖工序完成情况 6.3.2 能根据瓶盖种类对压盖机参数进行调整	6.3.1 压盖工序完成情况检查方法 6.3.2 压盖设备参数设定操作方法
	6.4 贴标	6.4.1 能检查贴标机运行状态 6.4.2 能根据标签种类调整贴标设备参数	6.4.1 贴标机运行情况检查方法 6.4.2 贴标机参数设定操作方法
	6.5 装箱（装盒）	6.5.1 能检查装箱（叠盒、装盒）完成情况 6.5.2 能检查加盖生产日期、批号完整性 6.5.3 能检查封箱设备完成封箱的情况	6.5.1 装箱（叠盒、装盒）完成标准 6.5.2 生产日期、批号完整性作业要求 6.5.3 封箱设备运行情况检查方法
7. 过程检验	7.1 原辅料质量验证	7.1.1 能应用感官对原辅料质量进行检查 7.1.2 能调整原辅材料投放顺序	7.1.1 原辅料质量感官检查方法 7.1.2 原辅料投放顺序调整方法
	7.2 过程参数验证	7.2.1 能记录生产过程中各参数 7.2.2 能根据生产情况对机器参数设定提出修改建议	7.2.1 参数记录方法 7.2.2 机器参数修改建议提报程序

3.3　三级/高级工

本等级职业功能第 1、7、8 项为共同考核项，白酒原料粉碎工还需考核第 2 项，白酒微生物培养工、白酒酵母工、白酒制曲工还需考核第 3 项，白酒发酵工还需考核第 4 项，白酒贮酒工、白酒蒸馏串香工、白酒配酒工还需考核第 5 项，白酒灌装工还需考核第 6 项。

职业功能	工作内容	技能要求	相关知识要求
1. 生产准备	1.1 技术准备	1.1.1 能根据工艺要求准备技术操作规程 1.1.2 能检查各工序关键控制点	1.1.1 技术操作规程 1.1.2 各工序关键控制点及检查方法

续表

职业功能	工作内容	技能要求	相关知识要求
1. 生产准备	1.2 设备检查	1.2.1 能检查设备并纠正错误 1.2.2 能根据工艺条件对参数设定提出调整建议	1.2.1 设备调整操作方法 1.2.2 参数设定调整标准
2. 粉碎	2.1 酿酒原料粉碎	2.1.1 能依照酿酒原料粉碎度对操作方法进行调整 2.1.2 能对酿酒原料粉碎操作提出改进建议	2.1.1 酿酒原料粉碎操作调整方法 2.1.2 酿酒原料粉碎操作调整提报程序
	2.2 制曲原料粉碎	2.2.1 能依照制曲原料粉碎度对操作方法进行调整 2.2.2 能对制曲原料粉碎操作提出改进建议	2.2.1 制曲原料粉碎操作调整方法 2.2.2 制曲原料粉碎操作调整提报程序
	2.3 成品曲粉碎	2.3.1 能依照成品曲粉碎度对操作方法进行调整 2.3.2 能对成品曲粉碎操作提出改进建议	2.3.1 成品曲粉碎操作调整方法 2.3.2 成品曲粉碎操作调整提报程序
3. 制曲	3.1 压曲成型	3.1.1 能按工艺要求对拌料情况进行控制 3.1.2 能依照工艺要求调整压曲成型操作方法	3.1.1 压曲拌料标准要求 3.1.2 曲坯制作操作调整方法
	3.2 入室培养	3.2.1 能按曲醅质量分别进行培养操作 3.2.2 能对入室曲醅进行质量巡检，并对培养环境条件提出调整建议	3.2.1 曲醅质量综合判定方法 3.2.2 巡检作业指导书 3.2.3 培养环境条件知识
	3.3 成曲管理	3.3.1 能感官评定成曲质量 3.3.2 能巡检成曲存放环境，并提出改进建议	3.3.1 成曲质量综合判定方法 3.3.2 成品曲质量分级标准 3.3.3 成品曲巡检作业指导书

续表

职业功能	工作内容	技能要求	相关知识要求
4. 酿酒	4.1 配料	4.1.1 能按不同工艺要求调整配料参数 4.1.2 能按照工艺要求检查配料均匀度	4.1.1 酿酒配料调整方法 4.1.2 酿酒配料均匀度检查方法
	4.2 上甑蒸馏（蒸煮）	4.2.1 能根据情况调整甑蒸（蒸煮）参数 4.2.2 能按工艺要求接酒	4.2.1 上甑操作方法 4.2.2 接选酒操作方法
	4.3 摊晾加曲	4.3.1 能根据蒸煮情况确定摊晾时间 4.3.2 能根据情况调整糖化发酵剂添加方法	4.3.1 摊晾操作规程 4.3.2 糖化发酵剂添加调整方法
	4.4 发酵管理	4.4.1 能检查发酵过程 4.4.2 能检查解决发酵容器封闭不严等情况	4.4.1 发酵工序关键控制点 4.4.2 发酵过程检查方法 4.4.3 发酵容器封闭问题知识
5. 勾储	5.1 分级入库	5.1.1 能对产品等级进行复核操作 5.1.2 能根据产品等级进行定置定位	5.1.1 库存管理作业指导书
	5.2 陈酿管理	5.2.1 能对酒库存储状态提出建议 5.2.2 能解决陈酿管理过程中存储异常问题	5.2.1 存储设备异常问题分类及处理办法 5.2.2 酒库日常表单检查方法
	5.3 勾调出库	5.3.1 能根据勾调方案进行调味操作 5.3.2 能发现勾调中的异常情况	5.3.1 调味操作方法 5.3.2 勾调中异常情况分类
6. 包装	6.1 清洗	6.1.1 能处理清洗不达标等异常问题 6.1.2 能对清洗操作工序提出改进建议	6.1.1 清洗不达标等异常问题分类及解决办法 6.1.2 清洗工序改进建议填报程序
	6.2 灌装	6.2.1 能处理灌装量不达标等异常问题 6.2.2 能对灌装操作工序提出改进建议	6.2.1 灌装不达标等异常问题分类及解决办法

续表

职业功能	工作内容	技能要求	相关知识要求
6. 包装	6.3 压盖	6.3.1 能处理压盖机压盖不严等异常问题 6.3.2 能对压盖操作工序提出改进建议	6.3.1 压盖机压盖不严等异常问题分类及解决办法
	6.4 贴标	6.4.1 能处理贴标机位置偏离等异常问题 6.4.2 能对贴标操作工序提出改进建议	6.4.1 贴标机位置偏离等异常问题分类及解决办法
	6.5 装箱（装盒）	6.5.1 能处理装箱（装盒）不满、遗漏等异常问题 6.5.2 能对装箱（装盒）操作工序提出改进建议	6.5.1 装箱（装盒）不满、遗漏等异常问题分类及解决办法
7. 过程检验	7.1 原辅料质量验证	7.1.1 能对原辅料质量评定结果进行复核 7.1.2 能根据原辅料质量提出采购建议	7.1.1 原辅料质量评定方法 7.1.2 原辅料质量控制条件
	7.2 过程参数验证	7.2.1 能矫正生产过程中各参数设定偏差 7.2.2 能对各工序参数设定提出调整建议	7.2.1 参数偏差调整方法 7.2.2 参数设定工艺原理
8. 培训与指导	8.1 培训	8.1.1 能组织四级以下人员进行基础培训 8.1.2 能对四级以下人员进行技能培训	8.1.1 培训计划编写方法 8.1.2 技能培训方法
	8.2 指导	8.2.1 能对四级以下人员进行操作指导 8.2.2 能参与编写工艺操作培训指导手册	8.2.1 操作指导方法 8.2.2 工艺操作培训指导手册编写方法

4　权重表

4.1　理论知识权重表

项目	技能等级	五级/初级工/%					四级/中级工/%					三级/高级工/%				
		①	②	③	④	⑤	①	②	③	④	⑤	①	②	③	④	⑤
基本要求	职业道德			5					5					5		
	基本知识			20					15					10		
相关知识要求	生产准备			25					20					15		
	粉碎	45	—	—	—	—	50	—	—	—	—	50	—	—	—	—
	制曲	—	45	—	—	—	—	50	—	—	—	—	50	—	—	—
	酿酒	—	—	45	—	—	—	—	50	—	—	—	—	50	—	—
	勾储	—	—	—	45	—	—	—	—	50	—	—	—	—	50	—
	包装	—	—	—	—	45	—	—	—	—	50	—	—	—	—	50
	过程检验			5					10					15		
	培训与指导			—					—					5		
合计				100					100					100		

注：①指白酒原料粉碎工；②指白酒微生物培养工、白酒酵母工、白酒制曲工；③指白酒发酵工；④指白酒贮酒工、白酒蒸馏串香工；⑤指白酒配酒工、白酒灌装工。

4.2　技能操作权重表

项目	技能等级	五级/初级工/%					四级/中级工/%					三级/高级工/%				
		①	②	③	④	⑤	①	②	③	④	⑤	①	②	③	④	⑤
技能要求	生产准备			30					20					10		
	粉碎	60	—	—	—	—	60	—	—	—	—	50	—	—	—	—
	制曲	—	60	—	—	—	—	60	—	—	—	—	50	—	—	—
	酿酒	—	—	60	—	—	—	—	60	—	—	—	—	50	—	—
	勾储	—	—	—	60	—	—	—	—	60	—	—	—	—	50	—
	包装	—	—	—	—	60	—	—	—	—	60	—	—	—	—	50
相关知识要求	过程检验			10					20					30		
	培训与指导	—	—	—	—	—	—	—	—	—	—			10		
合计				100					100					100		

注：①指白酒原料粉碎工；②指白酒微生物培养工、白酒酵母工、白酒制曲工；③指白酒发酵工；④指白酒贮酒工、白酒制曲工、白酒蒸馏串香工、白酒勾兑工；⑤指白酒配酒工、白酒灌装工。

附录二 白酒酿造工技能比赛和大学生白酒品评技能比赛参考资料

第一部分 白酒酿造工技能比赛试题

试题 1：上甑操作

1. 本题分值：100 分。

2. 考核时间：45 分钟。

3. 考核形式：实际操作。

4. 考核要求：

（1）上甑全过程操作规范。

（2）上甑气压合理调节，满足生产工艺要求。

（3）上甑时间、速度控制准确。

（4）每铲糟量、下甑糟面的高度正确。

5. 否定项说明：上甑完毕立即刮平糟面后，5 分钟才穿汽的不得分。

试题 2：出窖糟醅理化指标鉴别

1. 本题分值：100 分。

2. 考核时间：20 分钟。

3. 考核形式：实际操作。

4. 考核要求：

（1）操作的规范。

（2）出窖糟醅水分、淀粉、酸度理化指标判断正确。

5. 否定项说明：无感官判断操作过程不得分。

6. 请填写判断结果。

6.1 出窖母糟糟层判断：□上层糟　　□中层糟　　□下层糟

6.2 出窖母糟理化指标：水分为＿＿＿＿＿＿％；淀粉为＿＿＿＿＿＿％；酸度为＿＿＿＿＿＿％。

试题 3：原酒质量判断和原酒酒度判断

1. 本题分值：100 分。

2. 考核时间：35 分钟。

3. 考核形式：实际操作。

4. 考核要求：

4.1 操作的规范。

4.2 原酒的质量品尝，对 5 个酒样进行正确排序。

4.3 原酒酒度判断正确。对 6 号杯进行酒度判断。

5. 否定项说明：损坏设备或有明显不符合安全和卫生规范的行为，不得分。

6. 请填写判断结果：

（1）原酒质量（从高到低排序）_____>_____>_____>_____>_____（只填入杯号即可）。

（2）原酒酒度为_____%vol。

第二部分　白酒酿造工技能比赛评分标准

试题 1： 上甑操作

1. 技术标准：实际的客观操作数据应符合生产工艺文件的规定；上甑动作应娴熟规范，技巧要领得当。

上甑操作流程为：先检查底锅水是否合适→铺撒一层熟糠壳→撒糟醅 1~3cm 厚→开启蒸汽阀门→检查并调节需要的生产用气压→开始上甑操作→观察并调节气压大小→上满糟醅刮平→穿汽盖盘。

2. 注意事项：

（1）安全要求　正确使用铲、蒸馏设备及蒸汽，避免挂伤或烫伤等伤害人身。

（2）时间要求　45 分钟。

3. 评分记录表

序号	作业项目	考核内容及要求	配分	评分标准	考核记录	扣分	得分
1	检查底锅水	底锅水是否漫没蒸汽盘管	5	□水漫没蒸汽盘管 1~3cm 扣 0 分 □高于 3cm 以上扣 3 分 □露出蒸汽盘管扣 5 分			
2	铺撒熟糠壳	撒熟糠壳厚薄均匀，不超过 0.5cm	5	□厚薄均匀，不超过 0.5cm 扣 0 分 □厚薄不均匀或见甑箅子扣 2 分 □超过 0.5cm 扣 4 分			
3	撒糟醅	撒糟醅厚度为 2~5cm	5	□糟醅厚度为 2~5cm 扣 0 分 □低于 1cm 或高于 6cm 扣 2 分 □有可见糠壳的扣 4 分			

续表

序号	作业项目	考核内容及要求	配分	评分标准	考核记录	扣分	得分
4	气压调节	在上甑开始及上满前进行气压调节和观察	15	□观察气压次数不少于3次并进行气压调节，且满足持续上甑要求的扣0分 □观察气压次数少于3次的扣3分 □没有观察气压扣5分 □上甑过程中在上满前没有调小气压的扣5分 □观察过程中如有超过规定气压的没有进行调节的1次扣3分			
5	上甑至上满的时间	从开启阀门上甑至上满的时间为35~45min	20	□从开启阀门上甑至上满的时间（不包括刮平）为35~45min的扣0分 □上甑时间超过±3min（含3min）扣3分 □上甑时间超过±5min（含5min）扣10分 □上甑时间超过±8min（含8min）扣15分			
6	上甑气压	上甑气压为0.05~0.1MPa（底锅有黄水除外）	15	□整个上甑过程中气压始终在0.05~0.1MPa扣0分 □气压0.05MPa以下或1.0kg/cm²以上超过1次扣3分 □气压超过又没有进行调节的1次扣5分			
7	上甑动作应娴熟规范	操作娴熟，动作规范	5	□上甑动作规范，身体紧靠甑沿扣0分 □没有紧靠甑沿≤3次扣1分 □没有紧靠甑沿≥4次扣2分 □使用铲熟练，没有回马上甑次数≤5次扣0分 □没有回马上甑次数>5次，≤10扣1分 □没有回马上甑次数>10次扣2分			

续表

序号	作业项目	考核内容及要求	配分	评分标准	考核记录	扣分	得分
8	持续探汽上甑	进行探汽，上甑速度一致	10	□进行探汽，上甑速度一致的扣0分 □探汽次数少于3次的扣2分 □中途上甑停止时间超过2分钟的1次扣2分 □穿汽冒烟达3次或以上的扣3分，达5次或以上的扣4分，达8次或以上的扣5分			
9	轻撒匀铺	每铲槽量半铲及以下、下甑槽面的高度5~10cm，上完1/3甑以上过程中对槽醅用耙梳挖松	20	□均匀上甑，四周略高于中心并形成一定斜度，每铲槽量半铲及以下、下甑槽面的高度5~10cm，上完1/3甑以上过程中对槽醅用耙梳挖松的扣0分 □每铲槽量为平铲或以上每次扣1分 □下甑铲与槽面的高度高于10cm或以上1次扣2分 □上完1/3甑以上过程中对槽醅没有用耙梳挖松的扣3分			
	合计		100				

否定项说明：上满糟醅刮平到糟醅穿汽超过5分钟（含5分钟）的不得分。

完成时间45分钟，超时5分钟扣5分，应在总分中减去超时分。

试题2：出窖母糟鉴别

1. 技术标准：按生产厂的分析化验标准进行。

2. 注意事项：

（1）安全要求。

（2）时间要求　20分钟。

3. 评分记录表

序号	作业项目	考核内容及要求	配分	评分标准	考核记录	扣分	得分
1	职业规范动作	水分用手挤压，根据出水情况进行正确判断	10	□用手挤压的，操作细致扣0分 □没有用手挤压的扣3分			
2		酸度用嘴尝，根据酸味强度大小进行正确判断	10	□用嘴尝、鼻闻糟醅酸度，操作细致的扣0分 □没用嘴尝、鼻闻糟醅酸度的扣3分			
3		淀粉含量应根据糟醅的厚实度进行感官判断，利用捏、看等感官手段	10	□用手捏、眼睛看等感官手段，操作细致的扣0分 □没有用手捏、眼睛看等感官手段的扣3分			
4	指标结果判断	结果的正确性	20	□水分误差≤±1%（扣0分） □≤±2%（扣5分） □≤±3%（扣15分） □>±3%（扣20分）			
5			20	□酸度误差≤±0.3%（扣0分） □≤±0.5%（扣5分） □≤±0.8%（扣15分） □>1%（扣20分）			
6			30	□淀粉误差≤±1%（扣0分） □≤±2%（扣10分） □≤±3%（扣20分） □>±3%（扣30分）			
合计			100				

否定项说明：无感官判断操作过程不得分。

完成时间20分钟，超时5分钟扣5分，应在总分中减去超时分。

试题3： 原酒质量鉴别和原酒酒度的判断

1. 技术标准：按企业的原酒验收标准和酒度测定方法标准进行。

2. 注意事项：

（1）安全要求　避免酒溅入眼睛或玻璃杯破损伤及身体。

（2）时间要求　35 分钟。

3. 评分记录表

序号	作业项目	考核内容及要求	配分	评分标准	考核记录	扣分	得分
1	原酒质量鉴别	原酒质量鉴别正确、排序准确	50	对照正确序位，每杯酒样序位答对得 10 分，全部正确得 50 分。对每杯排序情况逐一打分。偏离 1 位扣 4 分，偏离 2 位扣 6 分，偏离 3 位扣 8 分，偏离 4 位扣 10 分			
2	原酒酒度的判断	原酒酒度判断准确	50	与真实值对比： □误差≤±3°（扣 0 分） □误差≤±4°（扣 10 分） □误差≤±5°（扣 20 分） □误差≤±6°（扣 25 分） □误差≤±7°（扣 30 分） □误差≤±8°（扣 35 分） □误差≤±9°（扣 40 分） □误差≤±10°（扣 45 分） □误差>10°（扣 50 分）			
	合　计		100				

否定项说明：损坏设备或有明显不符合安全和卫生规范的行为，不得分。

完成时间 35 分钟，每超时 5 分钟，扣 10 分，应在总分中减去超时分。

第三部分　大学生白酒品评技能比赛赛项规程（参考）

一、参赛形式

以院校为单位组队参赛，不得跨校组队。每支参赛队由 4 名选手（男女不限）和不超过 2 名指导教师组成。参赛选手经组委会确认后原则上不得变更。

二、比赛内容

竞赛分理论水平比赛、尝评比赛 2 个环节。

竞赛项目的命题结合贮存勾调工岗位的技能需求，并参照《三级品酒师职业培训标准及鉴定要求》相关标准制定。

（一）竞赛方式

1. 本赛项为个人赛，按团体总分设团体奖。
2. 以院校为单位组队参赛，不得跨校组队。
3. 全部比赛项目2天内完成。比赛项目分为理论作答和尝评考核。

（二）竞赛内容

1. 理论部分（占20%）
（1）内容
① 白酒品评有关理论知识。
② 浓香型、酱香型、小曲白酒生产工艺及质量控制措施。
③ 酿酒微生物有关知识。
④ 色谱在白酒生产中的应用知识。
⑤ 白酒贮藏有关知识和操作要点。
⑥ 12种香型白酒生产工艺及品评要点。
⑦ 白酒质量、食品安全、清洁生产标准。
（2）考核题型
① 判断题
② 单选题
③ 多选题
（3）比赛方式及时间
闭卷，时间100分钟。
2. 尝评部分（占80%）
（1）内容
① 5度差酒度排序。
② 酒中主体香味成分的鉴别。
③ 香型鉴别和评语等。
④ 基酒异杂味鉴别。
⑤ 浓香型白酒质量排序。
⑥ 酱香型白酒质量差排序。
⑦ 兼香型白酒质量差排序。
⑧ 浓香型原酒质量差排序。
⑨ 浓香型白酒质量排序+重现一次。
⑩ 浓香型原酒质量差排序+重现一次。
（2）比赛方式及时间

主要采用 5 杯法，共 10 轮，每轮 30 分钟。

三、竞赛规则

1. 竞赛所用器具包括：标准品酒杯、竞赛酒样、作答卷等，均由竞赛组委会统一提供。参赛者不得使用自己的品酒杯进行比赛。

2. 参赛团队中每位成员凭参赛证进入赛场。报名者必须符合参赛资格，不得弄虚作假。在资格审查中一旦发现问题，将取消其报名资格；在竞赛过程中发现问题，将取消其竞赛资格；在竞赛后发现问题，将取消其竞赛成绩，收回获奖证书。

3. 赛前以电脑自动编号的形式确定参赛者座次号，确定好的座次不得进行更改。

4. 参赛选手提前 30 分钟到达比赛现场报到，比赛开始后不得入场参加比赛，报到时应持本人身份证和学生证，佩戴竞赛组委会签发的参赛证、胸牌。只有等比赛正式开始后，方可进行作答。

5. 比赛期间，参赛选手必须严格遵守赛场纪律，除携带竞赛所需自备用具外，其他一律不得带入竞赛现场，不得在赛场内大声喧哗，不得作弊或弄虚作假；同时，必须严格遵守操作规程，确保设备和人身安全，并接受裁判员的监督和警示。

6. 比赛终止后，不得再进行任何与比赛有关的操作。选手在竞赛过程中不得擅自离开赛场，如有特殊情况，需经裁判人员同意后做特殊处理。

7. 参赛选手应遵守竞赛规则，遵守赛场纪律，服从竞赛组委会的指挥和安排，爱护竞赛场地的设备和器材。

四、比赛评分方式及奖项设定

（一）评分方法

竞赛评分严格按照公平、公正、公开的原则。本次竞赛团队各项成绩按照百分制计分。总成绩（分）= 理论考核×20% + 尝评实践×80%。参赛者放弃任一环节将不参与比赛总分排名统计。在竞赛过程中，参赛选手如有不服从裁判判决、扰乱赛场秩序、舞弊等行为，由裁判长按照规定扣减相应分数，情节严重的取消竞赛资格，竞赛成绩记 0 分。

（二）奖项设定

1. 赛项设参赛选手团体奖和个人奖。团体奖设一等奖 2 名，二等奖 3 名，三等奖 5 名；个人奖设一等奖 2 名，二等奖 4 名，三等奖 6 名。获得团体一、二等奖的参赛队指导教师由组委会颁发优秀指导教师证书。

2. 对赞助单位给予特别贡献奖，对参赛单位和热心支持白酒行业发展的个人给予热心推荐奖、优秀组织奖、人才培养贡献奖和优秀指导奖，颁发证书。

五、选手须知

1. 参赛选手必须持本人身份证、并携（佩）带统一签发的参赛证参加比赛。

2. 选手必须遵守竞赛日程安排，准时参加各项比赛及相关会议，不得无故离开。如有特殊情况，需经监考人员或裁判人员同意后作特殊处理。

3. 参赛选手提前 15 分钟到达比赛现场检录抽号，迟到超过 30 分钟的选手，不得入场参加比赛。

4. 参加尝评比赛，按抽签号项目进行操作，进入试场后，不得大声喧哗，随意走动或向其他选手暗示。

5. 参赛选手不得穿着带有本单位或带有显示个人身份的标志，在比赛中只报参赛编号，不得向评委透露自己的姓名和工作单位。比赛期间不得使用通信工具。如果出现以上情况，将取消其竞赛成绩。

6. 参赛选手应遵守竞赛规则，遵守赛场纪律，服从竞赛组委会的指挥和安排，爱护竞赛场地的设备和器材。如对比赛结果有异议，可向技能竞赛组委会反映。

六、比赛违纪处理规定

为严肃竞赛纪律，保证竞赛的公开、公平、公正，对违反竞赛纪律的人员做如下处理。

1. 发现参赛选手不符合报名条件、冒名顶替和弄虚作假的，经竞赛组委会核实批准后，一律取消该选手的参赛资格，撤销已经取得的名次和表彰奖励、追回获奖证书、奖章、奖杯，追究有关单位的责任，并通报批评。

2. 参赛选手有下列情节之一的，竞赛成绩为零分。

① 竞赛期间违规翻阅书籍、笔记、纸条等资料者。

② 在考场内有交头接耳、偷看、暗示等作弊行为者。

③ 竞赛期间使用通信工具作弊者。

④ 裁判员宣布比赛结束后，仍强行操作者。

⑤ 不服从裁判员、扰乱竞赛秩序，影响比赛进程，情节严重者。

3. 参赛选手如造成仪器设备损坏，应由当事人视情节轻重承担相应的赔偿责任。

4. 对违反纪律的评委和工作人员，经竞赛组委会核实后，视其情节轻重给予处罚。

5. 违纪选手若对判罚有异议，可向竞赛组委会提出书面申诉，以组委会裁决为最终处理意见。

七、申诉与仲裁

（一）申诉

1. 参赛队对不符合竞赛规定的设备、工具、软件，有失公正的评判、奖励，以及对工作人员的违规行为等可提出申诉。

2. 申诉应在竞赛结束后 2 小时内提出，超时不予受理。申诉时，应按照规定的程序由参赛队领队向相应赛项裁判工作小组递交书面申诉报告。报告应对申诉事件的现象、发生的时间、涉及的人员、申诉依据与理由等进行充分、实事求是的叙述。事实依据不充分、仅凭主观臆断的申诉不予受理。申诉报告须有申诉的参赛选手、领队签名。

3. 赛项裁判工作小组会收到申诉报告后，应根据申诉事由进行审查，6 小时内书面通知申诉方，告知申诉处理结果。如受理申诉，要通知申诉方举办听证会的时间和地点；如不受理申诉，要说明理由。

4. 申诉人不得无故拒不接受处理结果，不允许采取过激行为刁难、攻击工作人员，否则视为放弃申诉。申诉人不满意赛项裁判工作小组的处理结果的，可向赛事仲裁委员会提出复议申请。

（二）仲裁

竞赛采用两级仲裁机制。设赛项仲裁工作小组和赛事仲裁委员会。赛项仲裁工作小组接受由代表队领队提出的对裁判结果的申诉。竞赛执委会办公室选派人员参加赛事仲裁委员会工作。赛项仲裁工作小组在接到申诉后的 2 小时内组织复议，并及时反馈复议结果。申诉方对复议结果仍有异议，可由院校领队向赛事仲裁委员会提出申诉。赛事仲裁委员会的仲裁结果为最终结果。

第四部分　大学生白酒品评技能比赛评分标准

一、命题

（一）理论题

1. 题型：判断、单选、多选。

2. 出题：采用全国酿酒行业职业技能鉴定统一培训教程（试用本）三级品酒师和一级品酒师题库，考前 1 天由大赛组委会抽取 100 题进行印制，其中三级品酒师题库占 80%，一级品酒师题库占 20%。

（二）品评能力测试题

由大赛评审组出题并组织各轮次的酒样，在每轮考试前 20 分钟负责对每一轮酒样进行编号，编号结果在每轮考试结束后才通知大赛评审组。保证保密、公正、公平。

二、品评能力比赛

采用五杯品评法（香型采用 6 杯品评法）。

第一轮：5 度差酒度排序（总分 15 分）。体积分数为：40%、45%、50%、55%、60%。

评分标准：对照正确序位，每杯酒样答对 3 分，每个序差 0.75 分，偏离 1 位扣 0.75 分；偏离 2 位扣 1.5 分；偏离 3 位扣 2.25 分，偏离 4 位不得分。请将酒度从高到低排序，即最高的写 1，次高的写 2，依此类推，最低的写 5。

杯号	1	2	3	4	5
排序					

第二轮：酒中主体香味成分的鉴别（总分 15 分）。用食用酒精配制以下化合物：乙酸乙酯、乳酸乙酯、丁酸乙酯、己酸乙酯、乙缩醛。

评分标准：正确 1 个得 3 分，不正确不得分。

杯号	1	2	3	4	5
化合物名称					

第三轮：香型鉴别和评语等（六个香型 6 杯，判断 18 分，评语 9 分，总分 27 分）。浓香型、酱香型、清香型（大曲清香和小曲清香）、米香型、兼香型（浓兼酱）共六个香型。

评分标准：判断正确 1 个得 3 分，不正确不得分；评语、发酵设备、糖化发酵剂三项由评委打分，每个空格为 0.5 分，共 9 分。

杯号	1	2	3	4	5	6
香型						
感官评语						
发酵设备						
糖化发酵剂						

第四轮：基酒异杂味鉴别（总分15分）。泥味、胶味、油哈味、涩味、糠味、醛味（选5个进行比赛）。

评分标准：正确1个得3分，不正确不得分。

杯号	1	2	3	4	5
异杂味					

第五轮：兼香型白酒质量排序（总分15分）。五个等级五杯酒样。

评分标准：对照正确序位，每杯酒样答对3分，每个序差0.75分，偏离1位扣0.75分；偏离2位扣1.5分；偏离3位扣2.25分，偏离4位不得分。请将酒质从好到差排序，即最好的写1，次好的写2，依此类推，最差的写5。

杯号	1	2	3	4	5
排序					

第六轮：酱香型白酒质量排序（总分15分）。五个等级五杯酒样。

评分标准：对照正确序位，每杯酒样答对3分，每个序差0.75分，偏离1位扣0.75分；偏离2位扣1.5分；偏离3位扣2.25分，偏离4位不得分。请将酒质从好到差排序，即最好的写1，次好的写2，依此类推，最差的写5。

杯号	1	2	3	4	5
排序					

第七轮：浓香型白酒质量排序（总分15分）。五个等级五杯酒样。

评分标准：对照正确序位，每杯酒样答对3分，每个序差0.75分，偏离1位扣0.75分；偏离2位扣1.5分；偏离3位扣2.25分，偏离4位不得分。请将酒质从好到差排序，即最好的写1，次好的写2，依此类推，最差的写5。

杯号	1	2	3	4	5
排序					

第八轮：浓香型白酒质量排序+重现一次（总分21分）。四个等级五杯酒样。

评分标准：重现（即相同的写同样的位数）正确得6分。同时对照正确序位，每杯酒样答对3分，五个都正确得15分。每个序差1分，偏离1位扣1分；偏离2位扣2分；偏离3位不得分。请将酒质从好到差排位，即最好的写1，次好的写2，依此类推，最差的写5。

杯号	1	2	3	4	5
排序					

第九轮：浓香型原酒质量排序（总分 15 分），五个等级五杯酒样。

评分标准：对照正确序位，每杯酒样答对 3 分，每个序差 0.75 分，偏离 1 位扣 0.75 分；偏离 2 位扣 1.5 分；偏离 3 位扣 2.25 分，偏离 4 位不得分。请将酒质从好到差排序，即最好的写 1，次好的写 2，依此类推，最差的写 5。

杯号	1	2	3	4	5
排序					

第十轮：浓香型原酒质量排序+重现一次（总分 21 分）。四个等级五杯酒样。

评分标准：重现正确得 6 分。同时对照正确序位，每杯酒样答对 3 分，五个都正确得 15 分。每个序差 1 分，偏离 1 位扣 1 分；偏离 2 位扣 2 分；偏离 3 位不得分。请将酒质从好到差排位，即最好的写 1，次好的写 2，依此类推，最差的写 5。

杯号	1	2	3	4	5
排序					

附录三　白酒酿造虚拟仿真实训项目（在建）

开窖起糟（含字幕）

上甑蒸馏（含字幕）

摊晾下曲（含字幕）

入窖管理（含字幕）

机械智能化酿造

机械车间火灾演练

白酒车间事故安全演练（触电伤害）_106

白酒车间事故安全演练（割伤事故）_122

窖下作业二氧化碳中毒
安全演练录屏

浓香型白酒中高温大曲
制作虚拟仿真软件录屏

酿酒废水处理仿真

附录四　白酒酿造技术推荐学习资源（在建）

白酒生产计算	白酒生产现场综合评审	白酒生产安全与质量控制	白酒的食品安全管理
运用化验数据指导白酒生产	白酒异杂味控制	白酒工业术语	米香型白酒的酿造工艺
凤香型白酒的酿造工艺	兼香型大曲酒酿造工艺	芝麻香型白酒的酿造工艺	白酒质量管理
科学解读白酒塑化剂	"六分法"工艺	苏、鲁、皖、豫浓香型大曲酒生产工艺	双轮底发酵工艺
回窖发酵工艺	蒸馏过程中物质的变化	蒸馏原理	白酒非物质文化遗产

白酒非物质文化遗产（网址）　　尚礼美酒1　　尚礼美酒　　香醇美酒

济阳美酒　　生命美酒　　激阳美酒　　配方文化

白酒酿造技术MOOC　　微知库　　酒文化欣赏　　酒的趣味艺术

白酒文化博物馆　　老酒鉴赏　　白酒企业信息库（上）　　白酒企业信息库（中）

白酒企业信息库（下）　　酒业名匠

期末考试试卷

参考文献

［1］李大和．白酒酿造培训教程［M］．北京：中国轻工业出版社，2013.

［2］李大和．白酒生产问答［M］．北京：中国轻工业出版社，1999.

［3］凌生才．根霉曲一、二级菌种接种方法［J］．酿酒科技，2001，（1）：29-30.

［4］李大和，李国红．川法小曲白酒生产技术（五）［J］．酿酒科技，2006，（5）：116-121.

［5］陈德兴．根霉酒曲的生产与应用［J］．酿酒科技，1996，（1）：14-16.

［6］沈怡方．白酒生产技术全书［M］．北京：中国轻工业出版社，1998.

［7］李大和，李国红．川法小曲白酒生产技术（四）［J］．酿酒科技，2006，（4）：115-117.

［8］傅金泉，黄建平．我国酿酒微生物研究与应用技术的发展［J］．酿酒科技，1996，（5）：17-19.

［9］凌生才，罗生本．根霉酒曲生产中应注意的问题［J］．酿酒科技，1996，（6）：27-28.

［10］赖登燡，王久明，余乾伟，等．白酒生产实用技术［M］．北京：化学工业出版社，2000.

［11］章克昌．酒精与蒸馏酒工艺学［M］．北京：中国轻工业出版社，2010.

［12］罗惠波，辜义洪，黄治国．白酒酿造技术［M］．成都：西南交通大学出版社，2012.

［13］肖冬光．白酒生产技术［M］．北京：化学工业出版社，2009.

［14］季克良，郭坤亮．剖读茅台酒的微量成分［J］．酿酒科技，2006，（10）：98-100.

［15］任鹿海，孙前聚，等．使用不同比例的高温曲酿酒试验研究［J］．酿酒，1992，（1）：25-27.

［16］沈怡方．创新是白酒生产技术发展的核心［J］．酿酒，2010，37（6）：3-4.

［17］张志刚，吴生文，陈飞，等．大曲酶系在白酒生产中的研究现状及发展方向［J］．中国酿造，2011，（1）：13-15.

［18］全国食品发酵标准化中心．白酒标准汇编（第4版）［M］．北京：中国标准出版社，2013.